国家级职业教育规划教材
人力资源和社会保障部职业能力建设司推荐
全国中等职业技术学校烹饪专业教材

西餐原料加工技术

XICAN YUANLIAO JIAGONG JISHU

谢飞明 主编

GUOJIA ZHIYE JIAOYU GUIHUA JIAOCAI
RENLI ZIYUAN HE SHEHUI BAOZHANGBU ZHIYE NENGLI JIANSHESI TUIJIAN
QUANGUO ZHONGDENG ZHIYE JISHU XUEXIAO PENGREN ZHUANYE JIAOCAI

中国劳动社会保障出版社

简介

本教材为全国中等职业技术学校烹饪专业国家级规划教材，由人力资源和社会保障部教材办公室组织编写。

本教材共分五章，分别对西餐烹调中刀具的使用、新鲜蔬果类原料初加工、水产品类原料初加工、家禽类原料初加工和家畜类原料初加工进行了较详细的讲解，是中职烹饪（西式烹调）专业学生学习和掌握西餐原料初加工技术的适用教材。

本教材由谢飞明主编，罗凯锋参加编写，张海燕审稿。

图书在版编目（CIP）数据

西餐原料加工技术 /谢飞明主编. --北京：中国劳动社会保障出版社，2018

全国中等职业技术学校烹饪专业教材

ISBN 978-7-5167-3436-0

Ⅰ.①西…　Ⅱ.①谢…　Ⅲ.①西式菜肴-烹饪-原料-加工-中等专业学校-教材　Ⅳ.①TS972.118

中国版本图书馆CIP数据核字（2018）第124202号

中国劳动社会保障出版社出版发行

（北京市惠新东街 1 号　邮政编码：100029）

*

北京市艺辉印刷有限公司印刷装订　新华书店经销

787 毫米 × 1092 毫米　16 开本　10 印张　178 千字

2018 年 7 月第 1 版　　2023 年 8 月第 5 次印刷

定价：26.00 元

营销中心电话：400-606-6496

出版社网址：http://www.class.com.cn

http://jg.class.com.cn

前言

全国中等职业技术学校烹饪专业教材出版至今已有十五年，其间，根据行业的发展以及职业学校教学需求的变化，我们先后对教材进行了两次修订和增补，使得教材内容不断更新，体系逐步完善。

在新一轮教材修订工作中，我们收集了餐饮企业对技能型人才的具体要求及学校对教材使用的反馈意见，并组织一线骨干教师和行业专家进行充分研讨，确定重点做好以下几方面工作：

第一，完善教材体系。依据部颁《技工院校烹饪（西式烹调）专业教学计划和教学大纲（2016）》，补充开发了《西餐原料知识》《西餐原料加工技术》《西餐烹调技术》《西餐烹调工艺实训》《西式面点技术》《西式面点工艺实训》和《西餐厨具及设备》等教材。扩充后，整套教材更加丰富，也更加便于学校选用。

第二，更新教材内容。对上一版教材中的部分内容进行了调整、补充和更新，体现当今餐饮行业发展的新标准、新技术、新设备和新方法。为加强学生职业素质的培养，本版教材更加强调食品安全和卫生法律法规以及厨房安全操作规范，同时增加了饮食文化、食疗保健等内容。

第三，加大技能训练比重。技能课教材更新和增加了大量的操作案例，工艺过程讲解更加详细，方便教师开展一体化教学。

第四，改进教材的表现形式。增加了图表的运用、彩色插页以及四色印刷教材的数量，使烹饪原料的识别、工艺过程的描述、设备工具的使用等更加直观生动。

本套教材的修订工作得到了北京、江苏、浙江、山东、河南、广东、四川等省、市人力资源和社会保障厅（局）及有关学校的大力支持，教材的编审人员做了大量的工作，在此，我们表示诚挚的谢意！

人力资源和社会保障部教材办公室

目录

绪 论

我们居住的地球物产极其丰富，适宜烹饪的原料品种繁多、形态各异，加之多种多样的烹调技法，使得世界各地的菜肴在色、香、味、形、意、营养等方面都各具特色。

世界各国菜肴之所以各具特色，除了高超、独特的烹调技艺外，还与其用料广泛、选料严谨以及原料的初加工技术密切相关。根据烹饪原料的相关知识，用于烹制菜肴的原料主要分为新鲜蔬果类原料、家禽类原料、家畜类原料和水产品类原料等，这些原料绝大部分都不宜直接用于烹调和食用，而必须经过一系列的初加工过程，使其成为可以烹制菜肴的净料，才能进行烹调和食用。

不同的烹饪原料具有不同的品质特征，在西餐菜点中具有不同的用途，合理选择并加工，可以使原料物尽其用。西餐原料初加工技术是西餐烹调技术的重要组成部分，在西餐菜肴制作过程中具有极其重要的地位和作用。

一、讲究卫生，符合营养需求

烹饪原料中含有丰富的人体必需的营养素，但同时也有一些不能食用和对人体有害的物质。因此，必须对原料进行合理的初加工，使其达到卫生的要求。由于不同的原料所含的营养素种类和数量不同，因此只有合理搭配，才能使菜肴中所含营养素的种类齐全、数量充足、比例适当，从而满足人体对各种营养素的需求。

二、利于菜肴成熟，便于入味

烹饪原料的种类繁多、性质各异，须运用不同的刀法对其进行适当、合理的刀工处理，使其大小、形状、老嫩等达到菜肴品种的要求，再经过烹制达到成熟度一致，从而达到菜肴成品的质量要求，同时也便于原料入味。

三、便于食用，利于人体消化吸收

烹饪原料一般都不能直接用于烹调和食用，对其进行初加工，可使原料清洁程度达到标准，经烹制后便于食用，促进人体消化吸收，符合健康饮食的要求。

四、丰富菜肴品种，美化菜肴形态

不同原料经过初加工，运用不同的刀法，可以将其加工成不同的形状，再运用不同的调味、配料、烹调方法和盛装工艺，可以烹制出形态各异、品种繁多的美味佳肴。

五、物尽其用，降低成本

不同品质的菜肴对原料的选用有不同的要求。根据不同原料的性质、大小、形状、老嫩程度，物尽其用，运用不同的加工方法和烹调方法，使原料得到合理的使用，有效发挥其食用价值，不仅可以保证和提高菜肴质量，还可以降低菜肴的制作成本。

西餐原料的初加工是西餐烹调过程中技术性、操作性很强的工序之一。要学好西餐原料初加工技术，必须熟练掌握烹饪专业一般的理论知识，同时对西餐原料知识和西餐烹调技术要有深刻的理解。

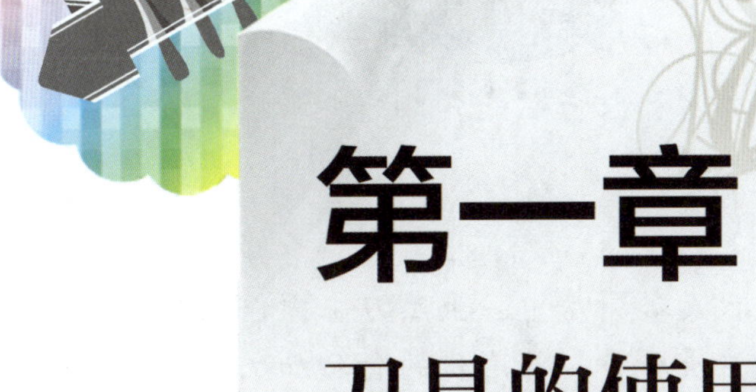

第一章 刀具的使用

学习目标

1. 了解西餐烹饪中常用刀具的种类及其基本使用方法
2. 掌握西餐烹饪中磨刀技术和刀具的保养方法
3. 掌握西餐烹饪的常用刀法

在现代西餐厨房中，虽然刀工操作已经实现机械化，以适应大批量、标准化的食品加工，但仍有一些原料的初加工还是要靠手工来操作。刀工不仅决定原料的成型，确定原料最后的形态，还对菜肴成品的色、香、味、形，以及营养、卫生等方面起着举足轻重的作用。

刀工的基本要求

刀工是指根据烹调和食用的要求，使用不同的刀具，运用不同的刀法，将烹饪原料或半成品加工切割成不同形状的操作过程，是厨师必须掌握的一项基本技能。刀法是指运用不同的刀具，将烹饪原料加工成一定形状的运刀方法。

大多数烹饪原料通过初加工还不能直接烹调，或者虽经烹调，但还不便食用，必须运用不同的刀法，将烹饪原料加工成符合烹调和食用的各种形状，才能烹制出美味可口的菜肴。随着人类社会的发展，人们在用餐过程中，不仅要满足物质的要求，而且要得到精神上美的享受。因此，对刀工的要求已不再局限于只是改变原料的形状，而是要进一步美化菜肴形状，使制成的菜肴既美味可口，又赏心悦目。刀工是西餐烹调技术不可缺少的组成部分，也是整个西餐烹饪过程中的重要工序之一。

一、刀工在西餐烹饪中的作用

刀工在西餐烹饪中的作用主要体现在以下几个方面：

1. 便于烹调

经过刀工处理成块、片、丝、条、丁、粒、末等规格的烹饪原料，其形态、大小、厚薄、长短等规格完全一致，因而在烹调时，可使其在短时间内迅速而均匀受热，达到烹调的要求。

2. 便于烹制入味

如果整料或大块原料直接烹制，加入的调味品大多黏附在原料表面，不易渗透到原料内部，而形成外浓内淡甚至无味的现象。如果将原料切成小料，或在较大的原料表面剞上刀纹，就可以使调味品渗入到原料内部，烹制后的菜肴口味内外一致，香醇可口。

3. 便于食用

整只或大块原料若不经刀工处理，直接烹制食用，会给食用者带来诸多不便。如果先将原料由大变小、由粗改细、由整切零，然后按照制作菜肴的要求加工成各种形状，再烹制成菜肴，则更容易取食和咀嚼，也有利于人体消化吸收。

4. 整齐美观

各种烹饪原料经过整齐均匀的刀工处理，会使烹饪后的菜肴格外协调美观，尤其是在原料上剞上各种花刀纹，经加热后原料便会卷曲成美观的形状，使菜肴显得更加丰富多彩、赏心悦目、美不胜收。

二、西餐刀工的基本要求

要研究和掌握刀工技术，首先要了解有关刀工方面的基本要求，只有在掌握了这些基本要求的前提下，才能进一步研究刀工的各项具体操作。刀工的基本要求主要有以下几个方面：

1. 姿势正确，精神集中

操作时要集中精神、目不旁视，不能左顾右盼、心不在焉，避免刀起刀落时发生意外，也不能边操作边说笑，否则既不安全，也会污染原料。

2. 密切配合烹调要求

应根据不同的烹调方法采用相应的刀工处理方法。例如，用于爆、炒的原料，因烹制时需旺火短时加热，初加工时就应切得小一点、薄一点；用于煨、炖的原料，因加热时间较长，初加工时宜切得较大、较厚。有的菜肴特别讲究原料造型美观，还要运用相应的花刀。

3. 根据原料的特性选择刀法

加工不同的原料应根据该原料的特性选择刀法。例如，切牛肉时，牛肉质老筋多，必须横着纤维纹路切，才能把筋切断，烹调后牛肉肉质才软嫩；而切猪瘦肉时，因其肉质比较细嫩、筋络较少，应斜着纤维纹路切，才不易将猪肉切碎。根据原料特性灵活运用刀法才能保证菜肴的质量。

4. 整齐均匀，符合规格

原料在进行刀工处理时，应根据菜肴规格要求，做到整齐，形状、大小一致，在烹调时，才能受热均匀、成熟度一致。

5. 清爽利落，互不粘连

加工过的原料必须清爽利落，该断则断，丝与丝、条与条、片与片之间必须截然分开，不可“藕断丝连”，这不仅是为了使菜肴外形美观，而且也是为了烹调时火候与时间均匀一致，确保菜肴的口味与质量。

6. 合理使用原料，做到物尽其用

刀工处理时，要根据手中的原料努力做到大材大用、小材小用、精打细算；分档原料时要做到心中有数，尽可能使各个部位都能得到合理、充分的利用，谨防浪费，尤其是大料改制小料时，只选用原料中的某些部位，这种情况下，对暂时用不着的剩余原料，要巧妙安排、合理利用。

7. 注意卫生，做好保管工作

原料初加工完毕，必须进行妥善的保管和处理，以防原料变质，影响菜肴的质量。

刀具的基本使用方法

西餐刀具的种类较多，不同刀具的使用方法各不相同。

一、刀具的种类及用途

西餐烹饪中常用的刀具，按其功能大致可分为片刀、切刀、砍刀、锯齿刀等专用刀具。西餐刀具的种类、特点及用途见表 1-1。

表 1-1　　西餐刀具的种类、特点及用途

种类	特点及用途	图例
分　刀	长 15 ~ 40 厘米，用途广泛，是最常用的西餐刀具之一，也是西餐厨房的必备刀具	
片　刀	刀身较窄、刀刃较长、体薄而轻、刀口锋利，使用灵活方便。主要用于切片，也可用于切丝、丁、条、块或制作果盘	
切　刀	比片刀略宽、略重，长短适中，刀口锋利，结实耐用，用途广泛。主要用于原料切块、片、条、丝、丁、粒等	

续表

种类	特点及用途	图例
砍　刀	刀身较厚重，专门用于砍带骨及质地坚硬的原料	
沙拉刀	长 16 ~ 20 厘米，形状与西餐刀相似，但尺寸较小且刀身较窄。主要用于西餐厨房切割蔬菜、水果等	
刮　刀	主要用于鲜鱼刮除鱼鳞	
镊子刀	主要用于夹去鸡、鸭等原料上的细毛	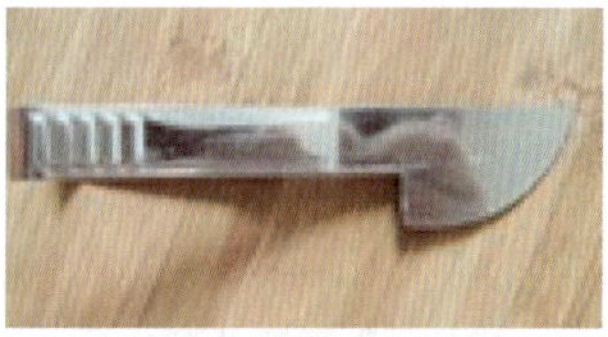
尖　刀	主要用于剖开鱼腹	
剔骨刀	主要用于肉类原料的出骨	
片鸭刀	主要用于类似“北京烤鸭”的熟料片切	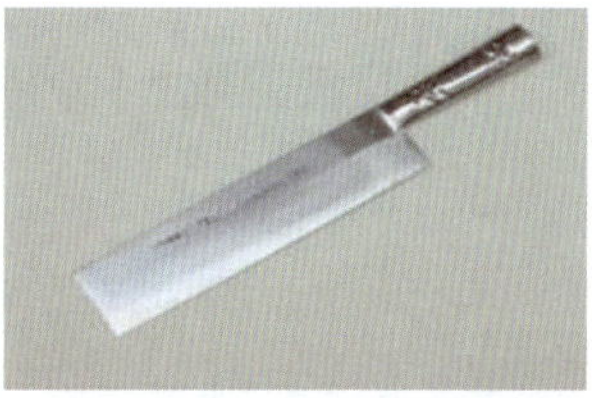
烤肉刀	主要用于切割大块的烤肉	

续表

种类	特点及用途	图例
牡蛎刀	主要用于撬开牡蛎的外壳	
蛤蜊刀	主要用于撬开蛤蜊的外壳	
锯齿刀	主要用于切面包片和蛋糕等绵软的食物，其锯齿形的独特设计还可以切带硬皮且多汁的水果	
刨　刀	主要用于刮除蔬菜和瓜果的皮	

二、刀具的选择

西餐刀具的选择主要考虑以下三个方面：

1. 看

刀刃和刀背无弯曲现象，刀身平整光洁，无凹凸现象，刀刃平直，以无夹灰、卷口者为好。

2. 听

用手指在刀板上用力弹一下，以声音清脆有钢性者为佳，余音越长越好。

3. 试

用手握住刀柄，看是否适手、方便。

三、持刀的基本操作姿势

1. 站立姿势

两脚自然分开站稳，身体略向前倾，前胸稍挺，不要弯腰曲背，身体与砧板保持

10厘米的距离。正确的站立姿势不仅方便刀工操作，而且能提高效率、减少疲劳（图1-1）。

图1-1 站立姿势

2. 持刀姿势

一般以右手握刀，握刀部位适中，用右手大拇指与中指捏着刀身，食指固定在刀背上，其余手指与手掌用力握住刀柄（图1-2）。握刀时手腕要灵活而有力，操作时主要运用腕力，腕、肘、臂三个部位的力量要配合协调、运用自如。不论运用何种刀法，都要做到下刀准、着力均匀。

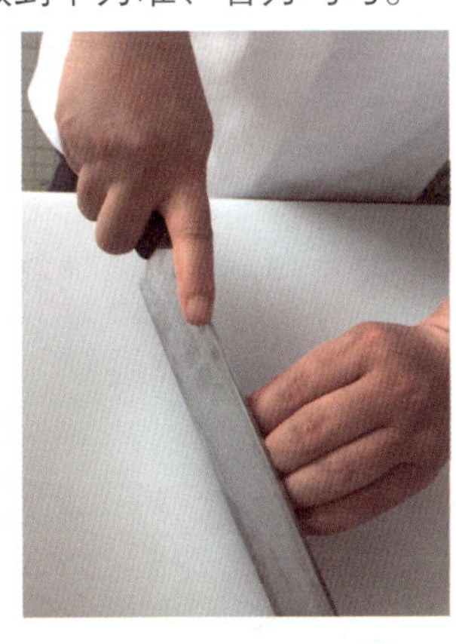

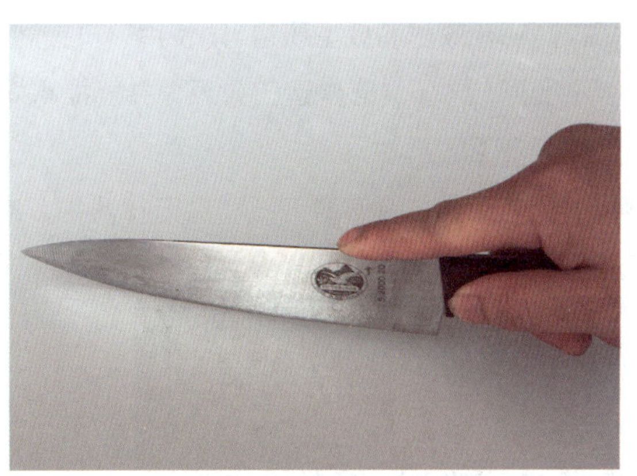

图1-2 持刀姿势

3. 操作姿势

根据原料性能，左手按住原料时用力也分大小，应区别对待。左手按住原料移动的距离和快慢必须配合右手落刀的快慢，两手应紧密而有节奏地配合。切原料时左手四指必须呈弯曲状，手掌后端要与原料略平行，利用中指第一关节抵住刀身，使刀有控制地切下，刀刃不能高于中指第一关节，否则容易切伤手指。

四、刀具的保养

1. 了解刀具的形状和功能特点

根据刀具的形状和功能特点，运用正确的磨刀方法，保持刀刃锋利和光亮，保证刀刃有一定的弧形。

2. 刀工操作时要仔细谨慎、爱护刀刃

片刀不宜斩、砍，切刀不宜砍大骨；运刀时以断开原料为准；合理使用刀刃的部位；落刀时若遇到阻力，不应强行操作，应及时清除障碍物，不得硬片或硬切，防止伤及手指或损坏刀刃。

3. 刀具用完后的清理注意事项

刀具用完后，必须在热水中洗净并擦干水分，特别是在加工带有咸味、酸味、黏性和腥味的原料，如泡菜、咸菜、番茄、藕、鱼等之后，黏附在刀面上的无机酸、碱、盐、鞣酸等物质易使刀身变黑或锈蚀，失去光亮和锋利度，并污染所加工的原料，此时可将刀用洁布擦拭干净，或用热水洗净晾干并涂抹少许油，以防止其氧化生锈。刀具用完后，应挂在刀架上，不要随手乱放，避免碰损刃口。严禁将刀砍在砧板上。

五、磨刀技术

为了提高切割效率和成型质量，须使用刀口锋利的刀具。只有保持刀口锋利、无锈、无缺口、不变形，才不会影响运刀效果，并能提高操作效率，保证加工质量。

1. 磨刀工具

常用的磨刀工具主要有磨刀石和磨刀棒两种，磨刀石又有粗磨刀石、细磨刀石和油石三种（图 1-3）。

油石

磨刀棒

图 1-3 磨刀工具

2. 磨刀方法

（1）使用磨刀石

使用磨刀石磨刀时，一般是先在粗磨刀石上磨出锋口，再在细磨刀石上磨好锋刃，这样可缩短磨刀时间，保证磨刀效果。具体操作是：

1）磨刀前要把刀身和刀柄上的油污洗净，以免脱刀伤手。

2）将磨刀石固定稳当，高度为操作者身高的一半，以操作方便、运用自如为准。

3）双手持刀，一只手握住刀柄，另一只手扶稳刀身，两脚自然分开或一前一后站稳。

4）根据刀口原有的角度将刀背适当翘起，向前推至磨刀石尽头，然后向后拉，始终保持刀身与磨刀石面的夹角一致，切不可忽高忽低。不论是前推还是后拉，用力都要保持平稳、均匀一致（图 1-4）。

图 1-4 使用磨刀石磨刀

5）当磨面起沙浆时，应及时淋水，以免刀身发热。

6）刀口一面磨好后可磨另一面。刀口两面磨的力度和次数要一致，这样才能保证磨好的刀刀口锋利、锋面平直、符合要求。

（2）使用磨刀棒

1）用左手握住磨刀棒，右手握住刀柄。

2）两脚自然分开或一前一后站稳，胸部稍微向前，刀刃紧贴磨刀棒，略翘起 20° 左右，一上一下运动，刀口要稳定，以防止刀脱离磨刀棒而对人造成伤害（图 1-5）。

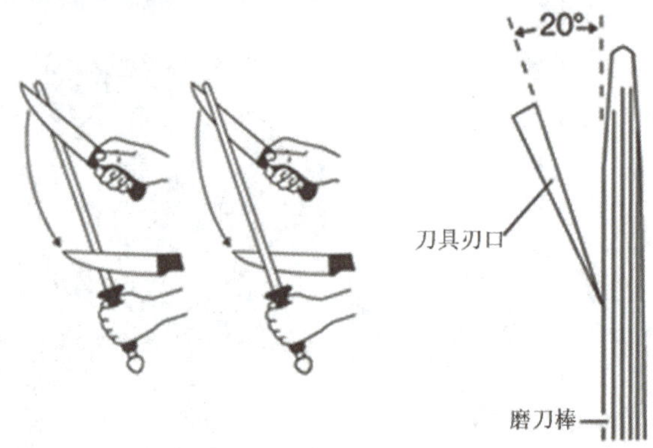

图 1-5　使用磨刀棒磨刀

3）磨好后把刀擦干净。

3. 刀锋的检验

（1）将刀刃朝上，两眼直视刀刃，刀刃上无白色的亮光即可。

（2）将刀洗净、擦干，用指甲在刀刃上横向轻拉，如有滞涩感即表示刀刃已磨锋利，如感觉打滑则表示刀刃未磨好。

常用刀法

刀法是根据原料的质地和烹调及食用的要求，将各种原料加工成一定形状时的运刀技法。由于烹饪原料的种类及烹调方法的多样性，需要运用不同的方法将原料加工成不同的形状，以便于烹调和食用，并美化菜肴，因此产生了各种运刀的方法。刀法的种类有很多，根据原料加工程度的不同，刀法可分为初加工刀法、细加工刀法和精加工刀法。根据刀刃与砧板或原料接触角度的不同，刀法可分为直刀法、平刀法、斜刀法和其他刀法几种。西餐刀法种类如图 1-6 所示。

刀法种类		
	直刀法：	包括切、斩、砍、剁等
	平刀法：	包括拉刀片、推刀片、推拉刀片、平刀片、抖刀片、滚料片等
	斜刀法：	包括正斜刀法和反斜刀法
	其他刀法：	包括刮、削、捶、拍、旋、剜、剔、撤等

图 1-6　西餐刀法种类

一、直刀法

直刀法是刀刃朝下，刀身与原料和砧板平面垂直的一类刀法。按用力的大小和手、腕、臂膀运动的方式不同，直刀法又可分为切、斩、砍、剁等几种刀法。

1. 切

切是在保证刀身与砧板垂直的前提下由上而下运刀的一种刀法。切时主要运用手腕的力量，并施以小臂的辅助，主要用于加工蔬菜瓜果和已经出骨的畜肉、禽肉类原料。根据运刀方向的不同，切又可分为直切、推切、拉刀切、锯切、滚料切等切法。

（1）直切

直切是指刀身与原料和砧板垂直，刀身始终平行于原料切面，由上而下均匀切料的运刀方法（图 1–7）。

图 1–7 直切

【应用范围】

主要用于加工莴笋、黄瓜、萝卜、菜头、莲藕等脆性的植物性原料。

【操作要领】

1）右手正确握稳刀具，刀身紧贴左手中指指背，运用腕力，稍带动小臂，用刀刃的前半部一刀一刀地跳动直切。

2）左手自然弯曲成弓形，轻轻按稳堆码好的原料，并按所需原料的规格均匀呈蟹爬姿势不断向后移动，务必保证匀速移动。右手持刀随着左手移动，以原料规格的标准取间隔距离，确保所切原料间距一致。

3）刀口始终与砧板垂直，不能偏内或斜外，保证断料整齐、美观。

（2）推切

推切是指刀身与原料和砧板垂直，由上而下向外切料的运刀方法（图 1–8）。

图 1-8 推切

【应用范围】

主要用于加工豆腐干、大头菜、鹅肝、肉丝、肉片等细嫩易碎或有韧性、较薄较小的原料。

【操作要领】

1）推切时左手自然弯曲，按稳原料，右手持刀，运用小臂和手腕力量，从刀刃前部推至刀刃后部时刀刃与砧板吻合，一刀到底，一刀断料。

2）推切时，要根据原料性质用刀。对质嫩的原料（如鹅肝等）下刀宜轻；对韧性较强的原料（如大头菜、腌肉等）运刀速度宜缓。

（3）拉刀切

拉刀切是指刀身与砧板垂直，刀的着力点在刀刃前端，运刀方向由前而下向内拖拉的刀法，故又称“拖刀法”（图 1-9）。

图 1-9 拉刀切

【应用范围】

主要用于加工已去骨的韧性原料，如鸡、鸭、鱼、肉等动物性原料。

【操作要领】

1）左手四指自然弯曲，按稳原料，右手持刀，运用手腕的力量，刀身紧贴左手中指指背，由原料的前上方向下方拉切，一刀到底，将原料断开。

2）拉刀切在运刀时刀刃前端略低，后端略高，着力点在刀刃前端，用刀刃轻快地向前推切一下，再顺势将刀刃向后一拉到底，即所谓的“虚推实拉”。

（4）锯切

锯切是推切与拉切的连贯刀法。运刀时刀身与原料、砧板垂直，先向前推切，再向后拉切，一推一拉像拉锯一样切断原料（图 1-10）。

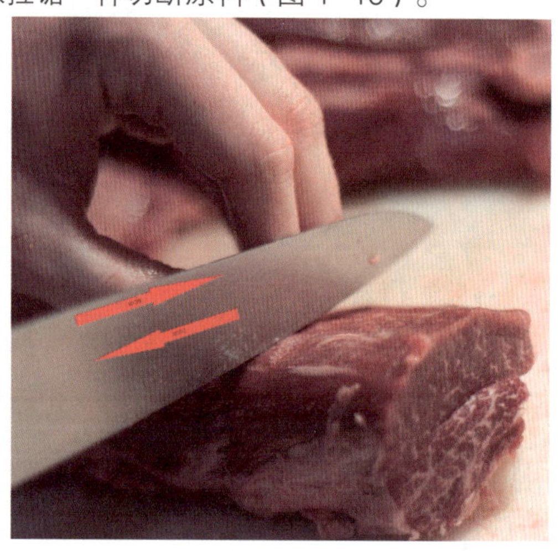

图 1-10　锯切

【应用范围】

主要用于加工体积较厚大、质地坚韧或松散易碎的原料，如熟火腿、羊肉、面包、卤牛肉等。

【操作要领】

1）左手四指自然弯曲按稳原料，右手持刀，运用手腕的力量和臂力，刀身紧贴左手中指指背，先推切后拉切，直至将原料断开。

2）下刀要垂直，不能偏里或向外，保证原料成型厚薄和大小一致。

3）锯切时，要把原料按稳，如果原料移动，运刀就会失去依托，影响原料成型。

4）对特别易碎的原料，应适当增加其码放的厚度，以保证原料成型完整。

（5）滚料切

滚料切是指刀身与砧板垂直，左手按稳原料并不断向前后滚动，原料每滚动一次，刀做一次直切运动。此方法又称为“滚刀切”，原料成型后一般为三面体的块状（图 1–11）。

图 1–11 滚料切

【应用范围】

主要用于加工质地嫩脆、体积较小的圆形或圆柱形的植物原料，如胡萝卜、土豆、莴笋、竹笋等。

【操作要领】

1）左手四指自然弯曲，控制住原料的滚动，根据原料的成型规格确定滚动的角度，角度越大，则原料成型就越大，反之则小。

2）右手持刀，刀口与原料成一定角度。角度越小，原料成型越短阔；角度越大，原料成型越狭长。

2. 斩

斩是指刀身与砧板垂直，左手按稳原料，右手持刀运用腕力和臂力，对准被斩部位，用力将原料断开的一种运刀方法（图 1–12）。

图 1–12 斩

【应用范围】

主要用于加工带骨的动物性原料或质地坚硬的冰冻原料，如带骨的猪、牛、羊肉，冰冻的肉类及鱼类等。

【操作要领】

（1）以小臂用力，将刀提起与前胸平齐，用力要求稳、准、狠，力求一刀断料，以免复刀使原料破碎。

（2）左手扶料应离原料稍远，如原料较小，落刀时要迅速将手离开，以免伤手。

（3）为避免损伤刀刃，一般用刀的根部斩断原料。

3. 砍

砍又称“劈”，是在保证刀身与砧板垂直的前提下，运用臂力，持刀用猛力向下断开原料的刀法。砍是直刀法中用力及幅度最大的一种刀法，主要用于加工大而坚硬的原料。砍又分为直砍和跟刀砍两种。

（1）直砍

直砍是指左手扶稳原料，右手持刀，对准原料被砍部位，运用臂膀之力，垂直向下断开原料的砍法（图 1-13）。

图 1-13　直砍

【应用范围】

主要用于加工体形较大或带骨的动物性原料，如排骨、整鸡、整鸭、大鱼头等。

【操作要领】

1）将刀高举至头部位置，瞄准原料被砍部位，用臂膀之力一刀断料。要求下刀准确、速度快、力量大，力求一刀断料，如需复刀则必须砍在同一刀口处。

2）左手按稳原料，应离落刀点远一些，以免伤手。

（2）跟刀砍

跟刀砍是指左手扶住原料，右手持刀对准原料被砍部位直砍一刀，使刀刃嵌入原料，然后左手持原料与刀同时起落，垂直向下断开原料的砍法（图 1–14）。

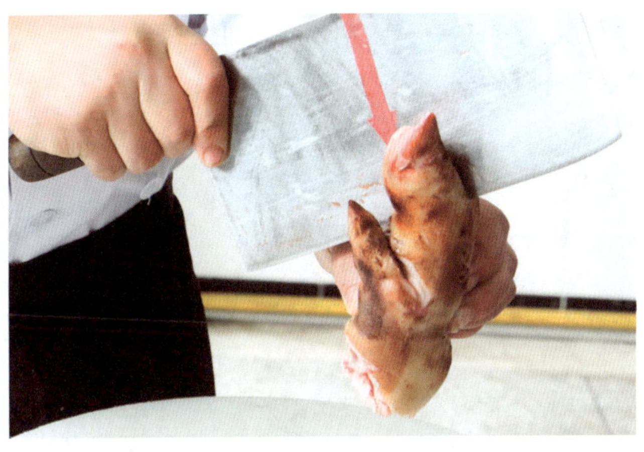

图 1–14 跟刀砍

【应用范围】

主要用于加工质地坚硬、骨大形圆或一次不易砍断的原料，如猪排、牛排、大鱼头、蹄髈等。

【操作要领】

1）刀刃一定要嵌入原料，不能松动脱落，以免砍空。

2）左右手起落速度应保持一致，且刀在下落过程中应保持垂直状态。

4. 剁

剁是指刀身与砧板或原料基本保持垂直运动，频率较快地将原料制成泥茸状的一种直刀法。一把刀操作称为“单刀剁”，但为了提高工作效率，通常左右手可同时持刀操作，称为“排剁”（图 1–15）。

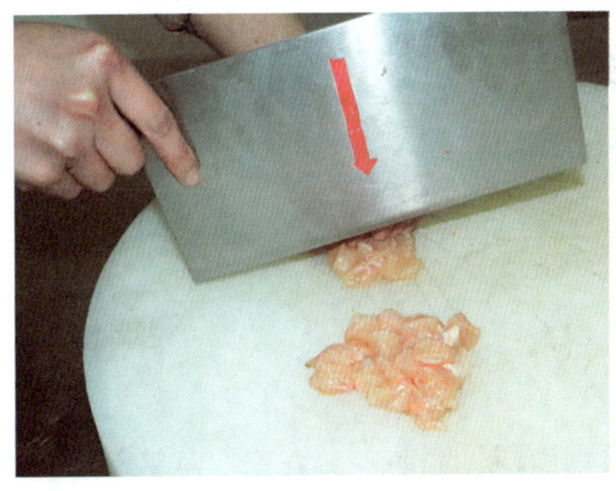

图 1–15 剁

【应用范围】

主要用于加工无骨的原料及姜、蒜等原料，如制肉馅，剁姜米、蒜米等。

【操作要领】

（1）排剁时左右手配合要灵活自如，运用手腕的力量，提刀要有节奏。

（2）排剁时两刀之间要保持一定的距离，不能互相碰撞。

（3）剁之前最好将原料先处理成片、条等小块；剁的过程中要勤翻动原料，使其更加均匀细腻。

（4）将刀在水中浸湿，可防止肉粒飞溅和粘刀。

（5）注意剁的力量，以断料为度，防止刀刃嵌进砧板。

二、平刀法

平刀法是指刀身与砧板面平行的一类运刀方法，其基本操作方法是用刀与砧板平行片进原料而不是垂直地切断原料。按运刀的手法不同，平刀法又分为拉刀片、推刀片、推拉刀片、平刀片、抖刀片和滚料片六种。

1. 拉刀片

拉刀片是指将原料平放在砧板上，左手掌或手指按稳原料，右手持刀，放平刀身，用刀刃中部片入原料右侧后向原料左侧运刀至断料的刀法（图 1–16）。

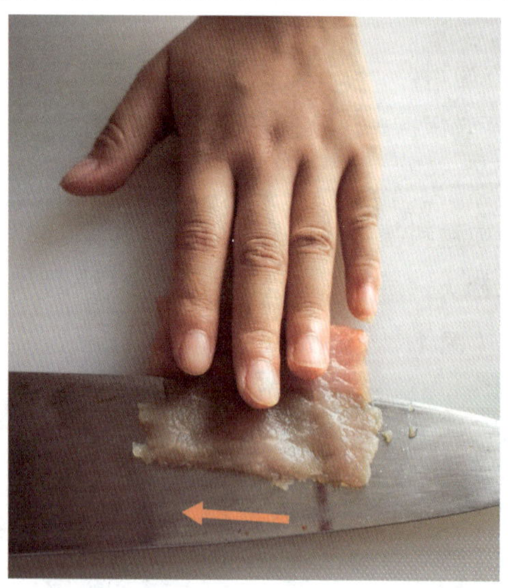

图 1–16　拉刀片

【应用范围】

主要用于加工体小、嫩脆或细嫩的动植物原料，如萝卜、蘑菇、莴笋、里脊肉、鱼肉、鸡脯肉等。

【操作要领】

（1）操作时持刀要稳，刀身始终与原料平行，才能保证原料成型厚薄均匀。

（2）左手食指与中指应稍分开一些，以便观察原料的厚薄是否符合要求；手指应稍向上翘起，以免伤手。

2. 推刀片

推刀片是指将原料平放在砧板上，左手掌或手指按稳原料，刀身与砧板平行，刀刃前端从原料的右下角平行进刀向左前方推进，直至片断原料的运刀方法（图 1–17）。

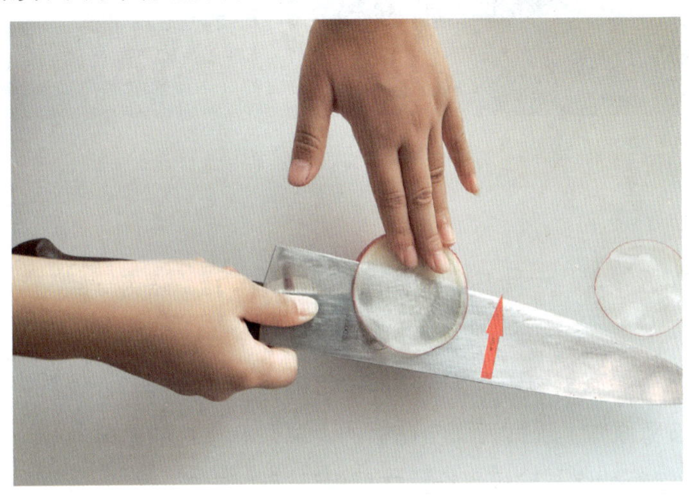

图 1–17　推刀片

【应用范围】

主要用于加工马铃薯、冬笋等脆性原料。

【操作要领】

（1）操作时持刀要稳，刀身始终与原料保持平行，推刀要果断，一刀断料。

（2）左手食指与中指应分开一些，以便观察原料的厚薄是否符合要求；手指要稍向上翘起，以免伤手。

（3）左手手指平按在原料上，以固定原料，但不能影响推刀片时刀的运行。

3. 推拉刀片

推拉刀片是指将推刀片与拉刀片相结合，来回推拉片断原料的运刀方法（图 1–18）。推拉片时，左手按住原料，右手持刀将刀刃片进原料，一前一后地推拉向左运刀片断原料，整个过程如拉锯一般，故又称“锯片”。另外，起片还有上片和下片之分，上片是从原料上端开始，片制原料的厚薄容易掌握；下片是从原料下端开始，片制的原料成型较平整。

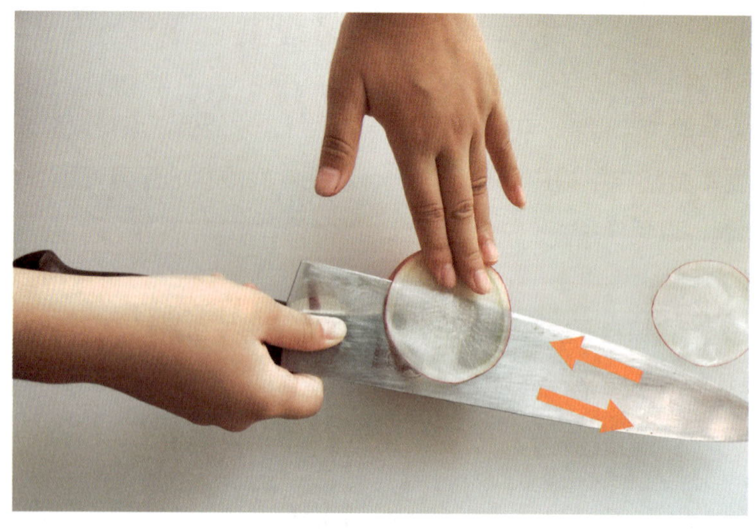

图 1-18　推拉刀片

【应用范围】

主要用于加工体大、无骨、韧性强的原料，如火腿、猪肉等。

【操作要领】

(1) 上片时用左手指压稳原料，食指与中指自然分开，以便观察片的厚薄；下片时用左手掌按稳原料，观察刀面与砧板的距离，掌握片的厚薄。

(2) 刀的运行始终与砧板平行，才能保证起片均匀。

4. 平刀片

平刀片是指刀身与砧板平行，刀刃中部从原料的右端一刀平片入原料至左端断料的运刀方法（图 1-19）。

图 1-19　平刀片

【应用范围】

主要用于加工无骨的软性细嫩原料，如豆腐、鸡鸭血、肉皮冻、凉粉等。

【操作要领】

（1）刀身保持与砧板平行，右手进刀要稳，左手要扶稳原料，保证起片均匀。

（2）进刀力度要恰当，进刀后不能前后移动，防止原料碎烂。

5. 抖刀片

抖刀片是指将原料平放在砧板上，刀刃从原料右侧片进，刀身抖动呈波浪式片断原料的运刀方法（图 1-20）。

图 1-20 抖刀片

【应用范围】

主要用于加工质地软嫩的原料，如蛋白糕、肉糕、豆腐干、皮蛋等。

【操作要领】

（1）刀刃片进原料后，波浪幅度要一致，抖动的刀距要一致，以保证原料成型美观。

（2）左手起辅助作用，不能使原料变形。

6. 滚料片

滚料片是指将圆柱状原料平放在砧板上，左手按住原料表面，右手放平刀身，刀刃从原料右侧底部片进做平行移动，左手扶住原料向左滚动，边片边滚，直至将原料片成薄的长条片的运刀方法（图 1-21）。

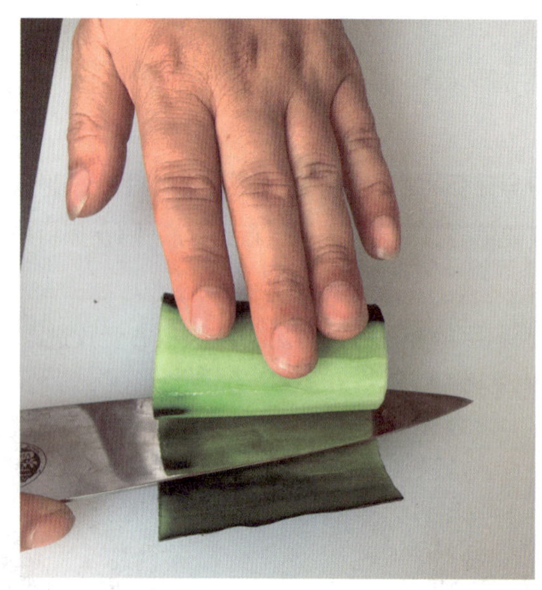

图 1-21 滚料片

【应用范围】

主要用于圆形、圆柱形原料的去皮或加工成长方片，如黄瓜、萝卜、莴笋、茄子等。

【操作要领】

（1）两手配合要协调。右手握刀推进的速度应与左手滚动原料的速度一致，否则就会中途片断原料，甚至伤及手指。

（2）随时注意刀身与砧板的距离，以保证原料成型厚薄一致。

三、斜刀法

斜刀法是指刀身与原料和砧板呈锐角（小于 90°）运刀的一类刀法。按运刀的不同手法，斜刀法又分为正斜刀法和反斜刀法两种。

1. 正斜刀法

正斜刀法是指左手按住原料左端，右手持刀，刀刃向左，刀身与原料和砧板呈锐角，进刀后向左下方拉动，一刀断料的运刀方法（图 1-22）。

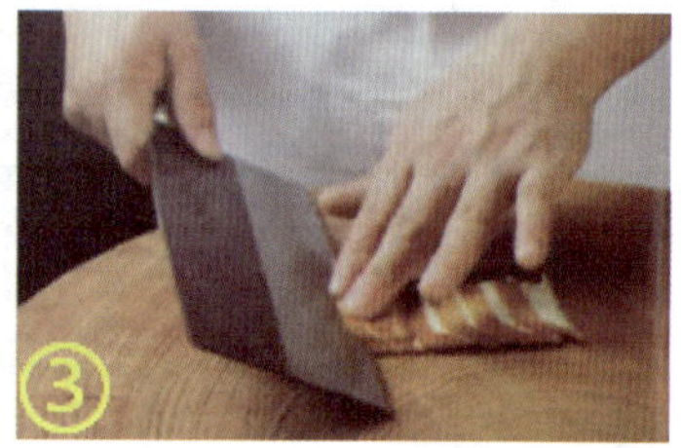

图 1-22 正斜刀法

【应用范围】

主要用于加工质软、性韧、体薄的原料，如鱼肉、猪肝、鸡脯肉等。

【操作要领】

（1）两手协调配合，每刀均保持同样的倾斜度和刀距，才能保证起片的大小、厚薄均匀一致。

（2）刀身的倾斜度应根据原料成型的规格而定。

2. 反斜刀法

反斜刀法是指右手持刀，刀刃向右，刀身紧贴左手四指，与原料、砧板呈锐角，运刀方向由左后方向右前方推进，使原料断开的运刀方法（图 1–23）。

图 1–23 反斜刀法

【应用范围】

主要用于加工形体较薄且韧性强的原料，如熟猪肚、猪耳朵、鱿鱼、玉兰片等。

【操作要领】

（1）左手按稳原料，以左手中指抵住刀身，使刀身紧贴左手中指指背片进原料。左手向后等距离移动，使片下的原料大小、厚薄均匀一致。

（2）根据原料的规格决定刀的倾斜度。

（3）刀不宜提得过高，以免伤手。

四、其他刀法

除直刀法、平刀法、斜刀法之外，还有一些特殊的原料加工方法，常用的有刮、削、捶、拍、旋、剜、剔、揿等。

1. 刮

刮是指用刀背或专用工具将原料表皮或污垢去掉的加工方法。操作时将原料平放在砧板上，从右到左刮掉不要的部分（图 1-24）。

图 1-24　刮

【应用范围】

主要用于刮鱼鳞、刮丝瓜皮等。

【操作要领】

刀背接触原料，掌握好刮的力度。

2. 削

削是指用刀平着切掉原料表面一层皮或加工成一定形状的加工方法。左手拿稳原料，右手持刀，刀刃向外，削去原料的外皮（图 1-25）。

图 1-25　削

【应用范围】

主要用于削去原料外皮，如削莴笋皮、马铃薯皮、冬瓜皮等，或将胡萝卜削成橄榄形等。

【操作要领】

掌握好去皮的厚薄，不要浪费原料。

3. 捶

捶是指用刀背或专用工具将原料加工成茸泥状的加工方法（图 1-26）。捶泥时，刀身与菜墩垂直，刀背向下，上下捶打原料至其成茸泥状。

图 1-26 捶

【应用范围】

主要用于加工肉质细嫩的原料成茸泥，如鱼肉、鸡脯肉等。

【操作要领】

用力要均匀，勤翻动原料，使其更加细腻。

4. 拍

拍是指用刀身拍破或拍松原料的加工方法（图 1-27）。

图 1-27 拍

【应用范围】

拍破原料，可以使其易出味，如姜、葱等；拍也能使韧性原料肉质疏松，烹调时易于入味，如猪排、牛排等。

【操作要领】

根据烹调要求及原料的性质，用适当的力将原料拍松或拍碎即可。

5. 旋

旋是指左手拿稳原料，右手持稳专用旋刀，两手配合，采用旋转的方法去掉原料外皮的加工方法（图 1-28）。

图 1-28 旋

【应用范围】

主要用于去掉原料的外皮，如苹果皮、梨皮等。

【操作要领】

随时注意去皮的厚度，以免浪费原料。

6. 剜

剜是指用专用工具将原料内部挖空的加工方法（图 1-29）。

图 1-29 剜

【应用范围】

主要用于将苹果、梨等原料内部挖空，便于填充馅料。

【操作要领】

剜时注意原料四周的厚薄要均匀，以免穿孔露馅。

7. 剔

剔是指分解带骨原料、除骨取肉的加工方法（图 1-30）。

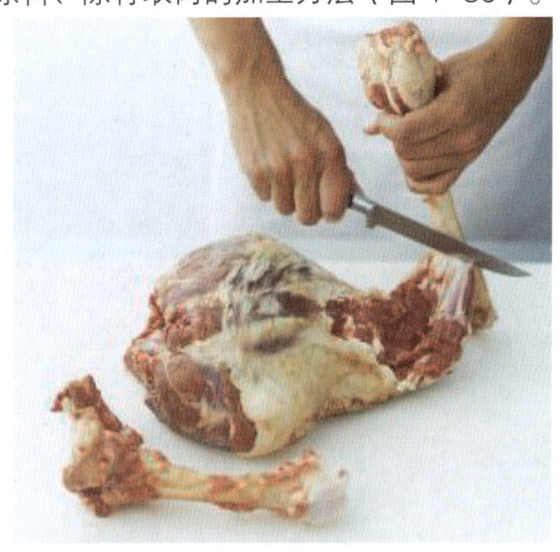

图 1-30 剔

【应用范围】

主要用于加工畜、禽、鱼类等动物性原料。

【操作要领】

下刀要准确，刀口要整齐；随部位不同分别运用刀尖、刀跟等部位，以保证原料完整。

8. 撳

撳是指右手持刀，刀刃向左倾斜，用刀身的另一面压住原料，将软性的原料从左至右拖压成茸泥状的加工刀法，也称为“背”（图 1-31）。

图 1-31 撳

【应用范围】

主要用于加工马铃薯泥、豆腐泥等原料。

【操作要领】

从左到右依次拖压，务必使原料均匀细腻，无明显颗粒。

思考与练习

1.西餐常用的刀具有哪些？请分别说明其主要用途。

2.以西餐主刀为例，简述选刀、磨刀、验刀及保养的方法。

3. 加工萝卜、鹅肝、鱼肉时运用哪种刀法最适宜？并说明该刀法的主要应用范围。

4. 削与旋有区别吗？请运用所学知识加以说明。

第二章

新鲜蔬果类原料初加工

学习目标

1．了解蔬菜瓜果类原料初加工的质量要求

2．掌握蔬菜瓜果类原料的初加工方法

新鲜蔬果属于植物性原料，是人们膳食结构中最为广泛的一类烹饪原料，也是人体维生素、矿物质和膳食纤维的主要来源。新鲜蔬果既可作为菜肴主料，也可作为菜肴配料。

新鲜蔬果类原料初加工的质量要求和基本方法

一、新鲜蔬果类原料初加工的质量要求

1. 按照规格整理加工

根据原料的可食用原则，新鲜蔬果类原料应按其种类和食用部位合理加工，不同部位须采用不同的初加工方法。例如，叶菜类原料必须去掉老根、老叶、黄叶等，根茎类原料要削去或剥去表皮，瓜果类原料须刮削外皮、挖掉果心，鲜豆类原料要摘除豆荚上的筋络或剥去豆荚外壳，花菜类原料要摘除外叶、撕去筋络等。

2. 洗涤得当，确保卫生

新鲜蔬果的清洗很有讲究，应选用符合卫生要求的洗涤方法。一是洗涤时不仅要去掉蔬果表面的泥沙、虫子等，还要尽可能去除掉夹杂在菜叶中的虫卵、农药等残留物，这就要求洗涤蔬果的方法要得当。例如，有的蔬果原料要掰开来洗，以清除夹在菜叶中的污秽杂质；有的蔬果还须用淡盐水浸泡，以去掉农药残留和虫卵等。二是必须遵循“先洗后切”的原则，尽可能减少营养素的流失。

3. 合理放置

洗涤好的蔬果要放在能沥水的盛器内，或放置在加罩的清洁架上，以防止其沾染灰尘等杂质，并码放整齐，以便后续的切配细加工。

二、新鲜蔬果类原料初加工基本方法

1. 摘剔、整理

将新鲜蔬果类原料中的黄叶、老叶、枯叶、泥沙等不能食用的部分摘除，并进行初步整理。

2. 洗涤

将初步整理好的新鲜蔬果类原料用清水洗涤，并根据新鲜蔬果类原料的不同用途，分别采用不同的洗涤方法。一般常用以下几种洗涤方法：

（1）清水洗涤

将整理好的新鲜蔬果类原料在清水中浸泡、清洗，以去除泥沙等污物。

（2）盐水洗涤

将整理好的新鲜蔬果类原料先放入浓度为 2% 的食盐溶液中浸泡约 5 分钟，然后用清水冲洗干净即可。用此方法洗涤时应注意，新鲜蔬果类原料不宜在盐水中浸泡时间过长，否则会影响蔬果原料的质量。

（3）高锰酸钾溶液洗涤

将整理好的新鲜蔬果类原料先放入浓度为 0.35% 的高锰酸钾溶液中浸泡 5 分钟，然后用清水冲洗干净即可。此方法适用于生食凉拌的新鲜蔬果类原料。

叶菜类原料初加工

叶菜类原料富含维生素和矿物质，以其肥嫩的叶和柄作为食用部分。大多数叶菜类蔬菜生长期短、适应性强，因此一年四季都有供应。叶菜类蔬菜大部分体小叶薄、柔嫩多汁，宜快速烹制成菜或凉拌冷食，以保证色鲜、质嫩、清香。叶菜类原料既可炒、爆、拌、煮，又可作馅和配料，有些还可以作调味料。

常见的叶菜可分为三类：普通叶菜，如菜心、小白菜、油菜、菠菜、芥菜、太古菜、雪里蕻、瓢儿菜等；结球类叶菜，如大白菜、洋白菜等；香辛类叶菜，如青蒜、茴香等。

叶菜类原料初加工实例：

例 1. 菜心

菜心又名菜薹，是我国南方的特产蔬菜之一，一年四季均可播种，现世界各地均有引种栽培。菜心品质柔嫩，味甘苦，营养丰富。

【烹调用途】

可用作菜肴主料，用炒、拌、扒等方法烹制菜肴，如“生炒菜心”“蒜茸菜心”等；也可用作菜肴的配料，如“菜心炒鸡球”“培根菜心”等。

【加工流程】

摘剔老叶→洗涤→切段。

【加工方法】

切去菜花及叶尾端，在菜棵处斜切成长 5 厘米的段即可，如图 2-1 所示。

图 2-1　加工菜心

例 2. 小白菜

小白菜（Bok Choy）又名胶菜、瓢儿菜、瓢儿白、油菜、油白菜等，是普通白菜的俗称，与大白菜（结球白菜）是近亲。小白菜纤维少，质地柔嫩，味清香。

【烹调用途】

常用于扒、炒、拌等烹调方法。

【加工流程】

摘剔老叶→洗涤→切段。

【加工方法】

摘去老叶，切去根部，洗净，切成 5 厘米的段即可，如图 2-2 所示。

图 2-2　加工小白菜

例 3. 芥蓝

芥蓝（Chinese Kale）又名白花芥蓝、绿叶甘蓝、芥兰（广东）、芥蓝菜、盖菜等，柔嫩、鲜脆、清甜、味鲜美，以肥嫩的花薹和嫩叶供食用，是甘蓝类蔬菜中营养比较丰富的一种蔬菜。芥蓝有粗种芥蓝和细种芥蓝之分，粗种芥蓝由于老硬，所以要削去整个外皮；细种芥蓝则在近根部削去外皮即可。

【烹调用途】

常用于炒、扒、灼或作配料，如“白灼芥蓝”“生炒芥蓝软”等。

【加工流程】

摘剔老叶→刨去老皮→洗涤→整颗使用。

【加工方法】

与菜心的加工方法相同。茎粗的芥蓝先刨去外皮，再切段即可，如图 2-3 所示。

图 2-3 加工芥蓝

例 4. 菠菜

菠菜（Spinach）又名波斯菜、赤根菜、鹦鹉菜等，世界各国均有分布。菠菜富含类胡萝卜素、维生素 C、维生素 K、钙、铁等多种营养素。

【烹调用途】

常用于炒、扒、滚、汤水浸等烹调方法或用于调制菠菜汁。因菠菜中含有草酸，易与钙质结合形成草酸钙，影响人体对钙的吸收，因此菠菜不宜与含钙丰富的豆类、豆制品及木耳、虾米、海带、紫菜等同时烹制。另外，烹制时，先将菠菜用开水烫一下，可除去 80% 的草酸。

【加工流程】

摘剔老叶→洗涤→切段。

【加工方法】

去掉根部，摘去黄叶，洗净，切成 10 ~ 12 厘米长的段即可，如图 2-4 所示。

图 2-4　加工菠菜

例 5. 西生菜

西生菜因从西方引进，故名。西生菜又名球生菜、圆生菜，其叶多、质嫩，水分多，口感爽脆，营养丰富。

【烹调用途】

常用于炒、扒、凉拌等烹调方法。

【加工流程】

摘剔老叶→洗涤→撕成片。

【加工方法】

（1）用于炒的配料：摘去黄叶，洗净，撕成片即可。

（2）用于凉拌：摘去黄叶，洗净，用冷淡盐水浸泡 15 分钟后捞起，沥干水分，撕成片即可，如图 2-5 所示。

图 2-5　加工西生菜

（3）用于切丝：切去叶梗，切成适当的大片，将菜叶叠起，再切成细丝即可。

切丝的宽度与菜肴要求有关，一般从 2 ~ 3 毫米至 7 ~ 8 毫米不等。

例 6. 蕹菜

蕹菜又名空心菜、通菜（广东），其粗纤维素的含量较丰富。

【烹调用途】

常用炒、扒的方法烹制菜肴，也常作其他菜肴的配料，常见的菜肴有“椒丝腐乳炒通菜”“虾酱炒通菜”等。

【加工流程】

摘剔老叶→洗涤→摘茎。

【加工方法】

新出产时，稍摘去老叶、黄叶，切去带须的头部即可使用。旺产时，从叶端开始，用手摘茎，每段 5 ~ 7 厘米，至近头部老的为止，如图 2-6 所示。

图 2-6　加工蕹菜

例 7. 大白菜、娃娃菜等

大白菜(Napa Cabbage)又名结球白菜、包心白菜、黄芽白、胶菜、绍菜(广东)等，其味美清爽，口感好，富含大量粗纤维及蛋白质、脂肪、多种维生素、钙、磷、铁等营养物质，经常食用有助于增强机体免疫功能，深受大众喜爱。娃娃菜的外形与大白菜一致，但大小仅相当于大白菜的 1/5 ~ 1/4，类似大白菜的“微缩版”，故名娃娃菜。

【烹调用途】

常用扒、炒等方法烹制菜肴。

【加工流程】

摘剔老叶→洗涤→切段。

【加工方法】

剥掉外层腐烂的老帮、老叶、黄叶和烂叶，切去根部，清洗干净，可加工成丁、丝、条、块、末等多种形状，如图 2–7 所示。

图 2–7　加工大白菜

例 8. 豆苗

豆苗（Pea Sprout）又名豌豆苗，其叶清香、质柔嫩、滑润爽口，色、香、味俱佳，营养丰富，口感清香脆爽，味道鲜美独特。

【烹调用途】

常用炒、扒、拌等方法烹制菜肴，常见的菜式有“鸡油豆苗”“蟹肉扒豆苗”“上汤浸豆苗”等。

【加工流程】

摘剔老叶、老茎→洗涤。

【加工方法】

洗净即可，如图 2–8 所示。

图 2–8　加工豆苗

例 9. 韭黄

韭黄含丰富的蛋白质、糖、钙、铁和磷等营养物质。

【烹调用途】

常用炒、煎等方法烹制菜肴。

【加工流程】

洗净→切段。

【加工方法】

去老叶，用清水洗净，根据用途切成3厘米的段或3毫米的粒即可，如图2-9所示。

图2-9　加工韭黄

第三节 根茎类原料初加工

根茎类原料是以植物肥大的变态茎作为食用部分的蔬菜，西餐中常用的有牛蒡、萝卜、胡萝卜、粉葛、蒜薹等。

根茎类原料初加工实例：

例 1. 蒜薹

蒜薹（Garlic Shoot）也称蒜苔，又称蒜毫，南方部分地区称之为蒜苗，其营养价值很高。

【烹调用途】

常用炒、凉拌、煎、烤等方法烹制菜肴，常见的菜式有“蒜心牛柳”“凉拌蒜心”等。

【加工流程】

洗净→切段。

【加工方法】

切去老梗和尾部白花，洗净，切成 3 厘米的段或 3 毫米的粒即可，如图 2–10 所示。

图 2–10　加工蒜薹

例 2. 鲜竹笋

鲜竹笋质脆色白，味清香鲜美，被视为菜中珍品。

【烹调用途】

常用炒、酿、焖、烩等方法烹制菜肴，常见的菜式有“鲜笋炒虾球”“百花酿鲜笋”“鲜笋焖田鸡”“三丝烩鱼肚”等。

【加工流程】

切去头部→笋身直剞一刀→削去笋节衣→洗净。

【加工方法】

将原只笋斩去头部，再在笋身直剞一刀，去外壳，取出笋肉，逆刀削去笋节衣，使其圆滑，洗净，再根据烹调方法进行加工即可，如图 2-11 所示。

图 2-11 加工鲜竹笋

例 3. 马铃薯

马铃薯（Potato）又名洋芋、土豆、番薯仔、荷兰薯等，世界主要生产国有中国、俄罗斯、印度、乌克兰、美国等，中国是世界马铃薯总产最多的国家。

【烹调用途】

常用焖、熬汤、炸、制泥等方法烹制菜肴，常见的菜式有“马铃薯焖牛肉”“炸薯条”“炸薯片”等。

【加工流程】

去皮→浸于清水中→待用。

【加工方法】

将马铃薯刮去表皮，按菜肴要求进行加工。

（1）切方块

方法是：先将去皮的马铃薯按块的规格切成片，再将片叠起按规格切成条，最后按规格切成方块即可，如图 2-12 所示。方块的规格：小方块（边长 1 ~ 2 毫米）、中方块（边长 3 ~ 5 毫米）、大方块（边长 8 ~ 15 毫米）。

图 2-12　加工马铃薯块

（2）切条

方法是：先将去皮的马铃薯按条的规格切成厚片，再将马铃薯片叠起切成条即可，如图 2-13 所示。

图 2-13　加工马铃薯条

（3）切片

用小刀先将马铃薯削成直径约 4 厘米的圆柱形，再将马铃薯切成各种规格的圆片即可（图 2-14）。厚 1 毫米的马铃薯片用于炸，厚 2 毫米的马铃薯片用于烤，厚 4 毫米的马铃薯片适于煎、炒。

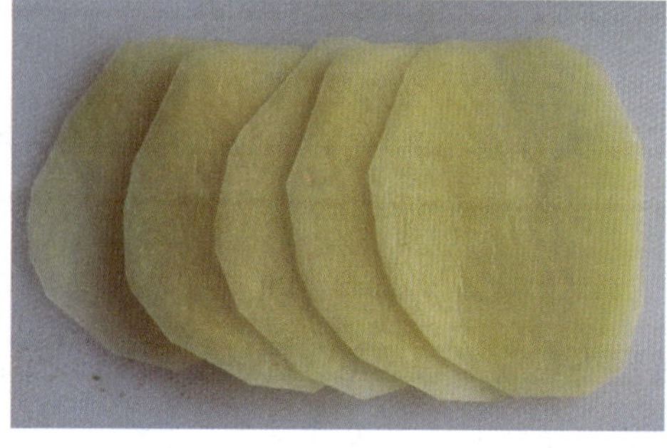

图 2-14　加工马铃薯片

（4）切割成球形

将专用的挖球勺压入马铃薯中，转动勺子，即可挖出薯球。

注意：发芽的马铃薯不能吃，以免龙葵素中毒。为防止褐变，马铃薯去皮后，要浸泡于水中。

例 4. 芦笋

芦笋又名石刁柏、山文竹，含有丰富的维生素 B、维生素 A，以及叶酸、硒、铁、锰、锌等微量元素，其硒的含量高于一般蔬菜，与含硒丰富的蘑菇接近，甚至可与海鱼、海虾等的含硒量媲美。

【烹调用途】

常用炒、扒、焗等方法烹制菜肴，常见的菜式有“芦笋炒鳜鱼球”“黄金汁扒芦笋”等。

【加工流程】

刨去老皮→洗净→切段。

【加工方法】

芦笋在西餐烹调中一般是整条或切段使用，因此将较老的部分去掉，撕去头部须筋，用清水洗净即可，如图 2-15 所示。

图 2-15 加工芦笋

注意：芦笋冷藏保鲜时可先用开水煮 1 分钟，晾干后装入保鲜袋，扎口放入冷冻柜中，食用时取出即可。

例 5. 鲜百合

【烹调用途】

常用炒、滚汤、煲汤、炖汤、制作甜品等方法制作菜肴，常见的菜式有“西芹百合炒腰果”“鲜百合椰子煲鸡”等。

【加工流程】

切去头部→一片片剥开→用清水洗净→浸泡于水中。

【加工方法】

用小刀切去头部，去掉烂的百合瓣，将百合一片片剥开，用清水洗净，浸泡于水中即可，如图 2-16 所示。

图 2-16　加工鲜百合

例 6. 洋葱

洋葱（Onion）又名球葱、圆葱、玉葱、葱头、荷兰葱等。

【烹调用途】

常用炒、拌、煎、焗等方法烹制菜肴。

【加工流程】

削去老根→剥去外部老皮→清水洗净待用。

【加工方法】

将洋葱去头、尾，剥去老皮，洗净即可，如图 2-17 所示。

图 2-17　加工洋葱

（1）切洋葱丝

将洋葱纵向切成两半，切口朝下，沿着纹理方向切成薄片，薄片可自动散成若干细丝，如图 2-18 所示。

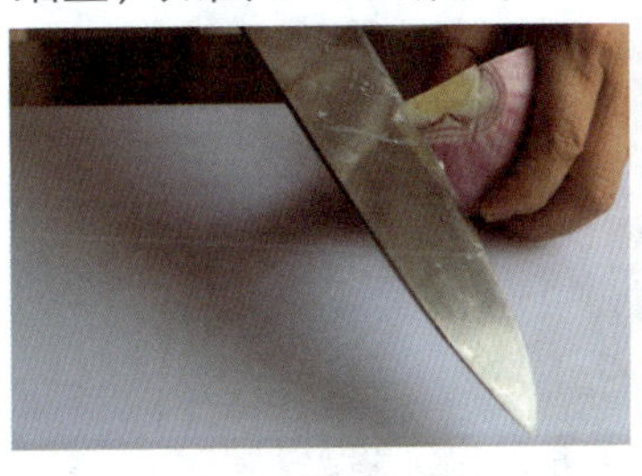
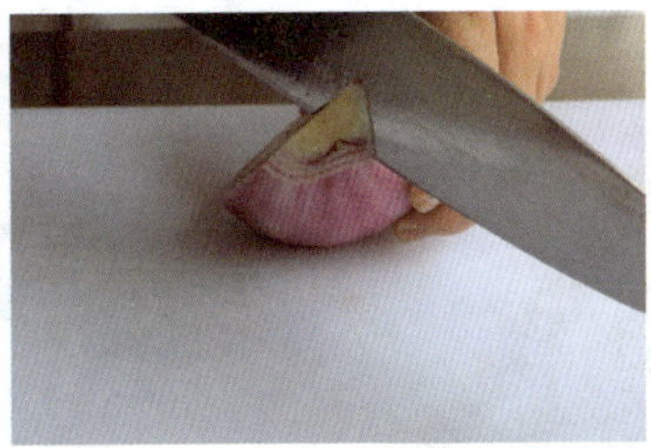
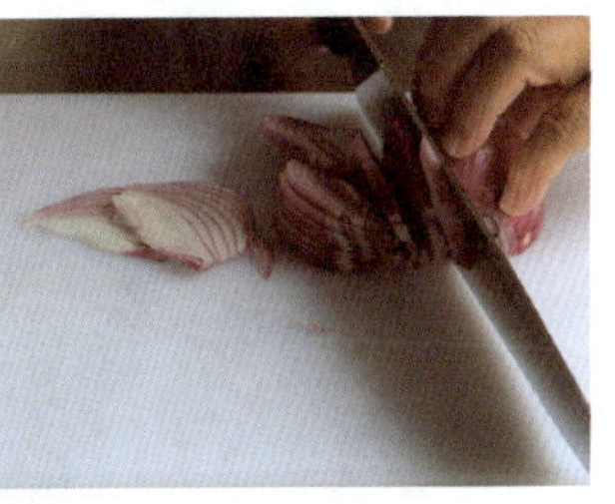

图 2-18 切洋葱丝

（2）切洋葱碎末

将洋葱纵向顺纹理切成两半，切口朝下，用刀顺纹理切成细丝（注意：切丝时保留根部），将洋葱转 90°，用手按住根部，平片 3 ~ 4 刀，再垂直将洋葱切成碎块，左手按住刀尖作为支点，右手按动刀柄，把碎块进一步切碎即可，如图 2-19 所示。

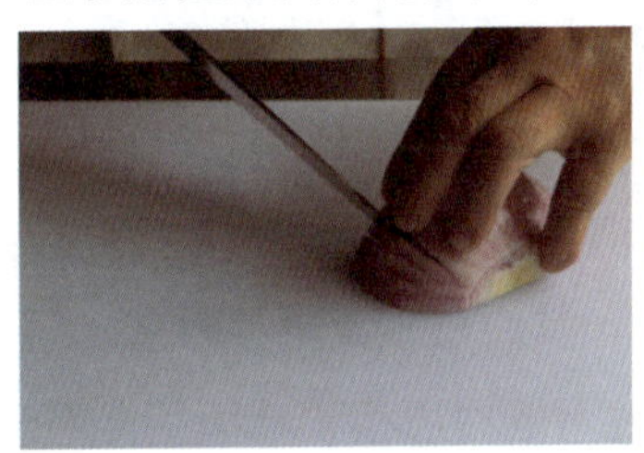
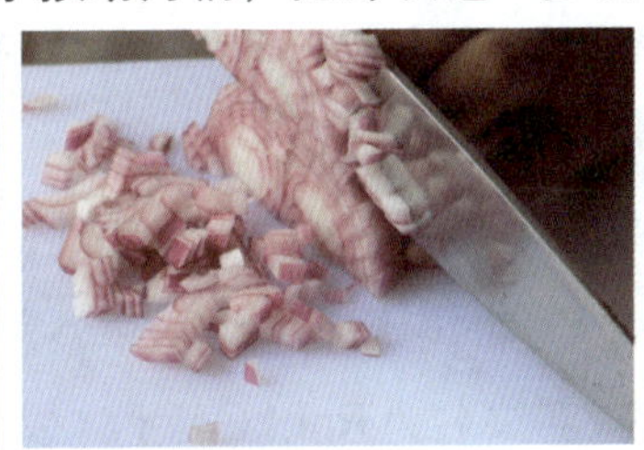

图 2-19 切洋葱碎末

注意：为减少切洋葱时其对眼睛的刺激，可在切洋葱之前把洋葱放在冷水中浸泡几分钟。

例 7. 牛蒡

牛蒡又名东洋参、牛蒡菜，含菊糖、纤维素、蛋白质、钙、磷、铁等人体所需的多种维生素及矿物质，其胡萝卜素含量比胡萝卜高 150 倍，蛋白质和钙的含量为根茎类蔬菜之首。牛蒡根含有菊糖和挥发油、牛蒡酸、多种多酚物质及醛类，并富含纤维素和氨基酸。

【烹调用途】

常用炒、拌、焗、凉拌等方法制作菜肴，常见的菜式有“牛蒡烩牛肉”“沙拉牛蒡”等。

【加工流程】

切去头、尾→刨去外皮→用水洗净。

【加工方法】

用于炒、凉拌时，用刀切去头、尾，刨去外皮，切丝或切薄片，用清水浸泡待用，如图 2-20 所示。

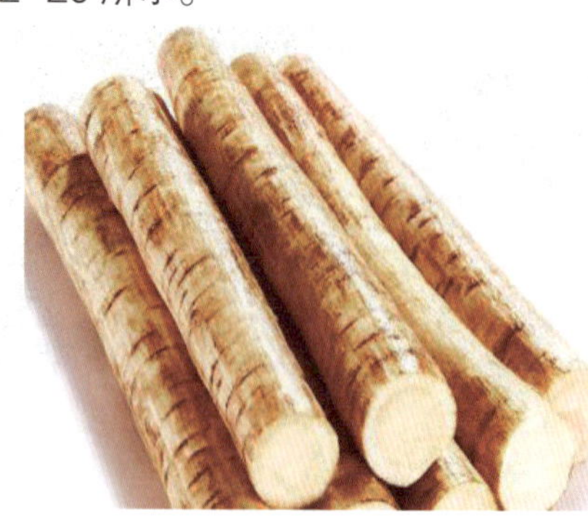

图 2-20　加工牛蒡

注意：牛蒡易被空气氧化而变黑，降低其营养价值，因此宜选用新鲜的，随用随买。

例 8. 胡萝卜、萝卜、芜菁、根芹等

胡萝卜又名红萝卜，是一种质脆味美、营养丰富的家常蔬菜，素有“小人参”之称。萝卜的种类较多，广泛分布于世界各地，在气候条件适宜的地区，四季均可种植，多数地区以秋季栽培为主，是秋、冬季的主要蔬菜之一，其营养丰富，含有丰富的碳水化合物和多种维生素。芜菁肥大的肉质根及叶可供食用，其肉质根柔嫩、致密。根芹，顾名思义，指根用的芹菜，英文名为 Root Celery，以脆嫩的肉质根和叶柄供食用，可凉拌、炒食或煮食，也可榨汁。

胡萝卜

萝卜

芜菁

根芹

【烹调用途】

常用拌、炒、煎、焗等方法烹制菜肴，也可作配料或用于食品雕刻。

【加工流程】

刨皮→洗净。

【加工方法】

按菜肴要求进行加工。

（1）切丝。先将刨皮洗净的胡萝卜切成长 3 ~ 5 厘米的段，再切成厚 1 ~ 2 毫米的薄片，然后将薄片叠起切成直径 1 ~ 2 毫米的细丝即可，如图 2-21 所示。

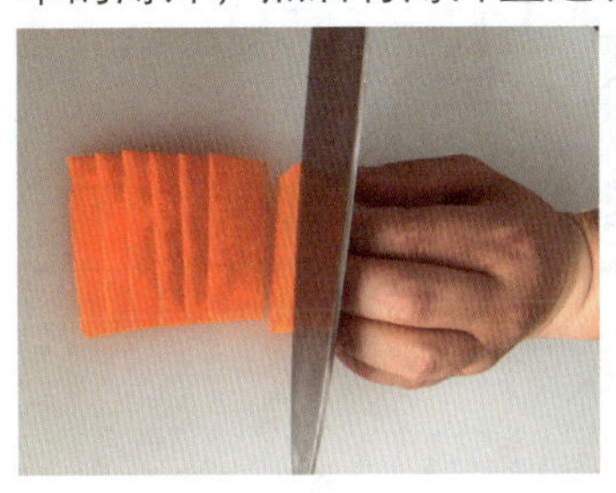
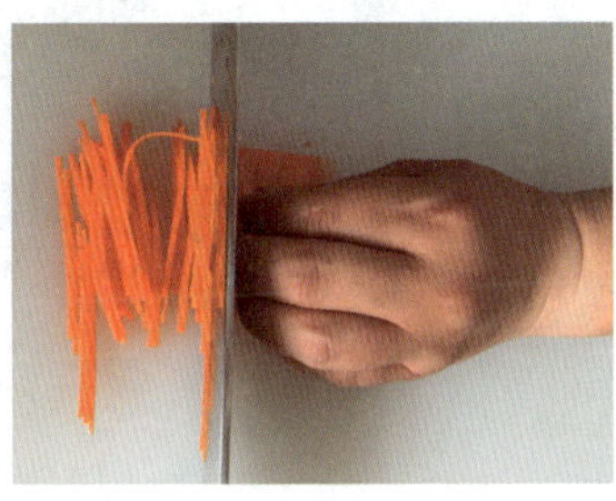

图 2-21　切胡萝卜丝

（2）削成橄榄形。先将刨皮洗净的胡萝卜切成长 4 厘米左右的段，再纵向切成两瓣或四瓣，削成橄榄形即可，如图 2-22 所示。

（3）切片。先将刨皮洗净的胡萝卜切掉四边呈长方块，再将其切成 1 厘米见方的长条，然后将其切成 1 ~ 2 毫米厚的薄片即可，如图 2-23 所示。

图 2-22　削成橄榄形

图 2-23　切片

瓜果、花类原料初加工

瓜果、花类原料是以植物的果实、花种子作为食用部分的蔬菜，这些原料在西餐烹饪中常用作菜肴的主料或配料，也是制作甜品、水果拼盘的主要原料。

瓜果、花类原料初加工实例：

例 1. 西葫芦

西葫芦（Marrow）含有较多的维生素 C、葡萄糖及其他营养物质，尤其是钙的含量极高，其皮薄、肉厚、汁多，可荤可素、可菜可馅，深受大众喜爱。

【烹调用途】

常用于炒、焗、拌菜式的配料。

【加工流程】

切去头尾→洗净。

【加工方法】

按菜肴要求进行加工。

（1）切“日”字片。先将西葫芦一剖为二，切成长 4 厘米的段，再横切成厚 3 毫米的“日”字形片即可。

（2）用专用的刮槽刀先在西葫芦表面刮出等间距的 V 形槽，然后再切成圆片或半圆片即可，如图 2-24 所示。

图 2-24 加工西葫芦片

例 2. 茄瓜

茄瓜又名人参果、香瓜茄，果实形状多似心形或椭圆形，成熟时果皮呈金黄色，有的还带有紫色条纹，有淡雅的清香，果肉清爽多汁，风味独特。

【烹调用途】

常用炒、拌、焗、烤等方法烹制菜肴。

【加工流程】

切去头尾→刨去外皮→浸泡片刻。

【加工方法】

切去头尾，刨去皮（或不去皮），洗净，即可按菜肴要求进行加工，加工方法与加工西葫芦相同，如图 2-25 所示。

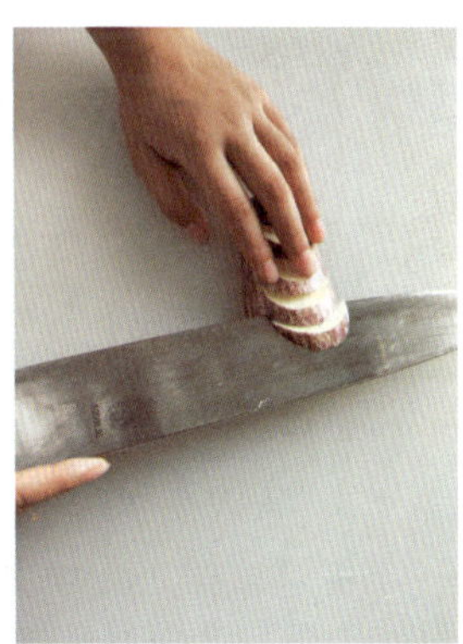

图 2-25 加工茄瓜

例 3. 南瓜、金瓜等

【烹调用途】

常用于炸、扒、焗等烹调方法，常见的菜式有“奶油南瓜汤”“金汤肥牛”等。

【加工流程】

去皮→去瓜瓤→洗净。

【加工方法】

按菜肴要求进行加工。

切方块的方法：先将原料切成片，再切成条，最后切成方块。方块的规格：小方块（边长 1 ~ 2 毫米）、中方块（边长 3 ~ 5 毫米）、大方块（边长 8 ~ 15 毫米）。

例 4. 丝瓜

【烹调用途】

常用于炒、汤菜、凉拌、摆盘等。

【加工流程】

刮去表皮→切去瓜蒂、花托→在清水中洗净备用。

【加工方法】

用刨刀刨去瓜棱，洗净，根据用途进行加工。

（1）用于炒：一剖为四，平刀片去瓜瓤，斜刀切成长 4 厘米的菱形块即可。

（2）用于汤菜：用滚刀法切斧头块即可。

例 5. 辣椒（包括圆彩椒等）

【烹调用途】

常用于炒、焗、拌等烹调方法。

【加工流程】

去蒂→去籽→洗净。

【加工方法】

按菜肴要求进行加工。

（1）切方块。先切成条，再切成方块，如图 2-26 所示。方块的规格：小方块（边长 1 ~ 2 毫米）、中方块（边长 3 ~ 5 毫米）。

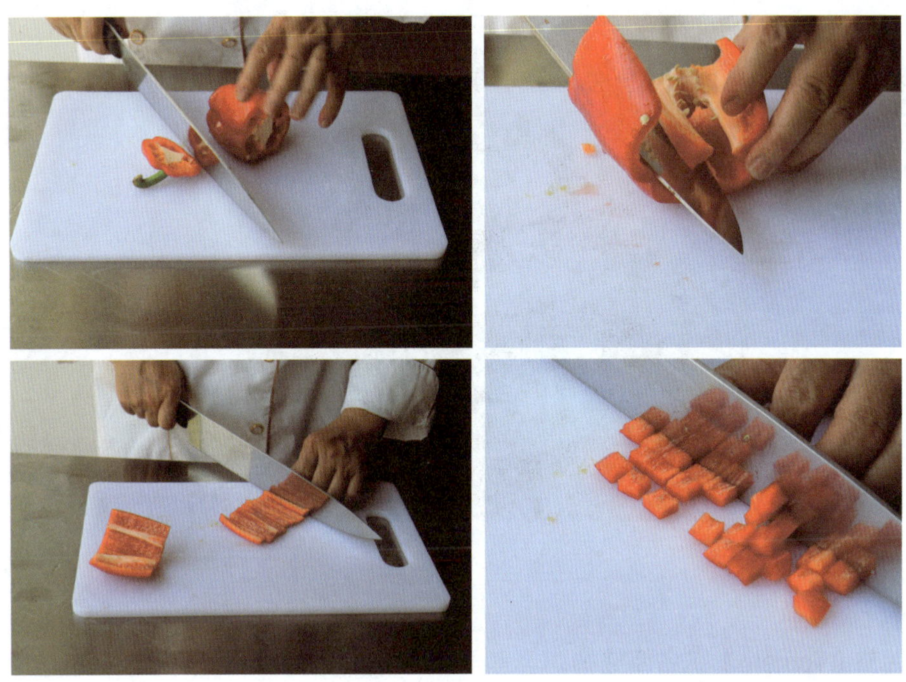

图 2-26　加工辣椒块

（2）切丝。先切去头尾，再按辣椒的厚度切成大小一致的丝，如图 2-27 所示。

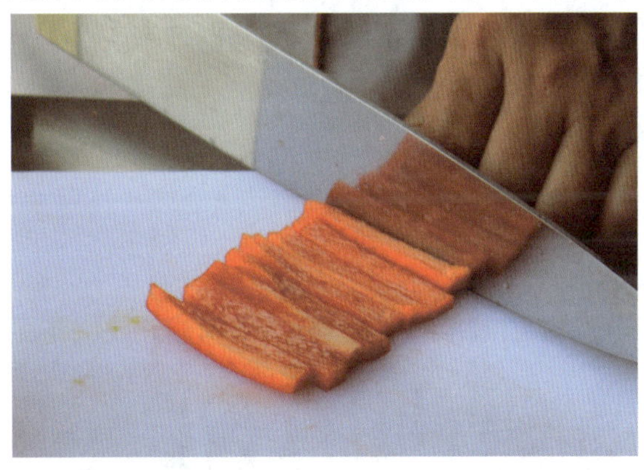

图 2-27　加工辣椒丝

例 6. 荷兰豆

荷兰豆（Snowpeas）原产于地中海沿岸及亚洲西部，以食用其嫩荚为主，其嫩荚质脆清香，营养价值很高。

【烹调用途】

多用于炒，常见的菜式有“荷芹炒腊味”“荷兰豆炒猪颈肉”等。

【加工流程】

撕去豆筋→切齐两端→洗净。

【加工方法】

将荷兰豆荚边上的筋络撕去，用刀切齐两端，洗净即可，如图 2-28 所示。

图 2-28　加工荷兰豆

例 7. 番茄

番茄（Tomato）又名西红柿，含有丰富的胡萝卜素、维生素 C 和 B 族维生素，肉质而多汁，具有特殊风味。

【烹调用途】

常用于炒、炸、烤、拌、装饰、制作少司和制汤等。

【加工流程】

去蒂→洗净。

【加工方法】

根据烹饪用途加工。

可纵向切成两半，将切口朝下，按菜肴要求切成片或切花即可，如图 2-29 所示。

切片

切花

图 2-29　加工西红柿

例 8. 西瓜

西瓜（Watermelon）又名伏瓜、夏瓜，种类繁多，世界各地均有分布。西瓜为夏季水果，果肉味甜多汁，能降温祛暑。

【烹调用途】

常用于榨汁制饮料，制作果盘、沙拉等。

【加工流程】

去蒂→洗净。

【加工方法】

洗净外表，纵向切开成两半，取西瓜肉即可，如图 2–30 所示。

图 2–30　西瓜取肉

例 9. 草莓

草莓（Strawberry）肉质多汁，味酸甜，营养丰富，被誉为“水果皇后”。

【烹调用途】

常用于榨汁后调制味汁，制作果盘、沙拉、果汁等。

【加工流程】

去蒂→洗净。

【加工方法】

摘去叶，用清水洗净，按菜肴要求进行加工。可纵向切成两半，或切成约 4 毫米大小的粒。

例 10. 菠萝

菠萝肉色金黄，香味浓郁，甜酸适口，清脆多汁，营养丰富。菠萝与凤梨在生物学上是同一种水果，但在市场上菠萝与凤梨为不同品种水果。菠萝削皮后有“内刺”，需要剔除；而凤梨削掉外皮后没有“内刺”，不需要用刀划出一道道沟痕。

【烹调用途】

常用于炒、炸、拌的菜式及制作果盘、沙拉、果汁等。

【加工流程】

切去头尾→削去表皮→剔除内刺→用淡盐水浸泡待用。

【加工方法】

按菜肴要求进行加工。

切方块的方法：先将菠萝切成片，再切成条，最后切成方块即可。方块的规格：小方块（边长 1 ~ 2 毫米）、中方块（边长 3 ~ 5 毫米）、大方块（边长 8 ~ 15 毫米）。

例 11. 木瓜

木瓜（Pawpaw）又名木梨、万寿瓜、光皮木瓜，因含有较多的单宁和有机酸，糖含量相对较低，使其口感酸涩，不宜生食，但营养丰富。

【烹调用途】

常用于炒、拌等菜式和制作果盘。

【加工流程】

切去头尾→削去表皮→纵向剖成两半→去瓤→洗净。

【加工方法】

将木瓜用刀切去头尾、削去外皮，纵向剖开，去净瓜瓤后洗净，根据用途进行加工即可。切块法：先将木瓜切成片，再切成条，最后切成方块。方块的规格：小方块（边长 1 ~ 2 毫米）、中方块（边长 3 ~ 5 毫米）、大方块（边长 8 ~ 15 毫米）。

例 12. 芒果

芒果果实椭圆滑润，果皮呈柠檬黄色，肉质细腻，气味香甜，有“热带水果之王”的美称，营养价值高。

【烹调用途】

常用于炒及制作“香芒汁”“沙拉”、果盘或调制各式饮料、布丁等。

【加工流程】

洗净芒果→取果肉。

【加工方法】

用清水将芒果表皮洗净，用小刀在芒果上贴着果核将果肉连皮切下，再根据用途加工果肉即可，如图 2-31 所示。

图 2-31 加工芒果丁

例 13. 鲜柠檬

鲜柠檬（Lemon）又名柠果、洋柠檬、益母果，果皮呈柠檬黄色，果汁酸或极酸，但营养丰富。

【烹调用途】

因味酸，故在西餐中只能作为上等调味料，常用于制作柠檬汁等多种调味汁。烹饪有膻腥味的原料时，在起锅前将柠檬鲜片或柠檬汁放入锅中，可去腥除腻。

【加工流程】

洗净→剖开→切片或切粒。

【加工方法】

将鲜柠檬洗净后切片、切粒，或将柠檬在中间切开后榨汁使用。

例 14. 椰子

椰子含大量蛋白质、果糖、葡萄糖、蔗糖、脂肪、维生素 B1、维生素 E、维生素 C、钾、钙、镁等，营养非常丰富，椰肉色白如玉、芳香滑脆，椰汁清凉甘甜，是老少皆宜的美味佳果。

【烹调用途】

常用于炒制菜肴、调制椰汁、制作布丁及甜品等。

【加工流程】

去外衣→锯成两半→取肉。

【加工方法】

先在椰壳的顶部用小尖刀刺入及挖孔，倒出椰汁；再用锯将椰子锯开成两半，用勺将椰肉挖出，根据烹调用途把椰肉加工成丝、条、块、片等形状即可。

例 15. 哈密瓜

哈密瓜又称甜瓜、甘瓜、网纹瓜，果实大、肉质脆甜，以哈密所产最为著名，故称为哈密瓜。

【烹调用途】

常用于炒、拌、榨汁等。

【加工流程】

刨皮→洗净→取肉。

【加工方法】

用刀刨净瓜皮，剖开成两至三块，去净瓜瓤后根据烹饪用途再进行加工，可切成片、块、条、粒等规格。

例 16. 西兰花、椰菜花、罗马花椰菜、紫花菜等

西兰花（Broccoli）又名绿菜花，富含蛋白质、糖、脂肪、维生素和胡萝卜素等，营养成分位居同类蔬菜之首，被誉为“蔬菜皇冠”。椰菜花（Cauliflower）又名花椰菜、椰菜、菜花、花菜，有白、绿两种，绿色的又叫西兰花、青花菜。罗马花椰菜又名青宝塔，供食用的花球和嫩茎部分营养丰富，尤其维生素 C 含量较高，粗纤维含量少，质嫩适口，味道清淡，容易消化。紫花菜是椰菜花的变种，花球呈紫红色，品质优良，风味极佳。

西兰花

椰菜花

罗马花椰菜

紫花菜

【烹调用途】

常用炒、灼等方法烹制菜肴，或作菜肴装饰，常见的菜式有“芝士焗西兰花”“沙拉紫菜花”等。

【加工流程】

摘去菜叶→洗净→切块。

【加工方法】

摘去菜叶，洗净，用刀切成小朵即可，如图 2-32 所示。

图 2-32 加工菜花

注意：菜花中易生菜虫，常有残留的农药，因此初加工前应将菜花放在盐水中浸泡几分钟，可除去菜虫，减少残留农药。

食用菌类原料初加工

食用菌类原料是以无毒菌类的子实体作为食用部分的蔬菜，西餐中常用的有杏鲍菇、香菇、草菇、白灵菇、鸡腿菇等。

食用菌类原料初加工实例：

例 1. 杏鲍菇

杏鲍菇（Pleurotus Abalone）因其具有杏仁的香味及鲍鱼的口感而得名。杏鲍菇菌肉肥厚，口感鲜嫩，味道清香，有杏仁香味，且营养丰富，深受大众喜爱。

【烹调用途】

常用炒、焗、扒等方法烹制菜肴，常见的菜式有“黑椒杏鲍菇”“鲍汁杏鲍菇”等。

【加工流程】

用刀削净头部须根→洗净。

【加工方法】

用刀削净头部须根，洗净，再按烹调用途加工成粒或片即可，如图 2-33 所示。

图 2-33　加工杏鲍菇

例 2. 鸡腿菇、白灵菇等

鸡腿菇（Coprinus Comatus）因其形如鸡腿，肉质似鸡丝而得名，但并无鸡肉味。鸡腿菇营养丰富、味道鲜美，口感极好，具有很高的营养价值。白灵菇（Pleurotus Nebrodensis）又名翅鲍菇，其肉质细嫩，味美可口，含有丰富的蛋白质、脂肪、碳水化合物等多种营养成分，具有较高的食用价值。

【烹调用途】

常用炒、焗、煎、炸等方法烹制菜肴，常见的菜式有“泰汁煎焗鸡腿菇”“白灵菇牛肉”等。

【加工流程】

用刀削净头部须根→洗净。

【加工方法】

用刀切去少许头部，用清水洗净，再按烹饪用途加工成片、条、粒即可，如图 2-34 所示。

图 2-34 加工鸡腿菇

例 3. 金针菇、茶树菇等

金针菇（Tiger Lily Buds）在自然界广为分布，中国、日本、俄罗斯、欧洲、北美洲、澳大利亚等地均有分布，是一种美味食品，其氨基酸的含量高于一般菇类。

【烹调用途】

常用浸、炒、扒、滚、烩、灼等方法烹制菜肴，常见的菜式有“培根金针卷”“肥牛金针菇”等。

【加工流程】

用刀切去头部须根→洗净。

【加工方法】

用刀切去少许头部，用清水洗净即可使用，如图 2-35 所示。

图 2-35　加工金针菇和茶树菇

例 4. 鲜木耳

鲜木耳（Agaric）又名黑木耳、光木耳。

【烹调用途】

常用于炒、焖、滚、烩等菜肴，常见的菜式有“木耳炒肉片”“木耳焖鸡”“三鲜鱼片汤”“三丝烩鱼肚”等。

【加工流程】

用刀切去头部耳蒂→洗净。

【加工方法】

用剪刀（或刀）剪去耳蒂，用清水洗净即可。

例 5. 鲜香菇

鲜香菇（Fresh Mushroom）有“山珍之王”的美誉，是高蛋白、低脂肪的营养保健食品。

【烹调用途】

常用炒、扒、煎等方法烹制菜肴，常见的菜式有“西式香菇培根”等。

【加工流程】

用剪刀剪去头部菇蒂→洗净。

【加工方法】

用剪刀剪去（用刀切去）菇蒂，用清水洗净即可加工，如图 2-36 所示。

图 2-36 加工鲜香菇

例 6. 鲜草菇

鲜草菇（Fresh Straw Mushroom）又名兰花菇、包脚菇，其味道鲜美，营养丰富。

【烹调用途】

常用炒、焖、扒、拌等方法烹制菜肴，常见的菜式有“奶油草菇鸡茸汤”等。

【加工流程】

用刀切去头部须根→洗净。

【加工方法】

用小刀削净菇底部须筋，在底部切“十”字，深度约 8 毫米，在顶部剞一刀，洗净即可，如图 2-37 所示。

图 2-37 加工鲜草菇

例 7. 蘑菇

蘑菇（Mushroom）又称白蘑菇、洋蘑菇、口蘑菇、蘑菰，其营养丰富，富含人体必需氨基酸、矿物质、维生素和多糖等营养成分，是一种高蛋白、低脂肪的营养保健食品。

【烹调用途】

常用焖、炒等方法烹制菜肴，也用于制作汤菜，常见的菜式有“蘑菇牛排”“鸡肉蘑菇浓汤”等。

【加工流程】

洗净。

【加工方法】

洗净泥沙即可使用。

例 8. 平菇

平菇又称北风菌、蚝菌，其种类繁多，营养丰富。

【烹调用途】

常用滚、扒、焖、烩等方法烹制菜肴，常见的菜式有“肉片平菇汤”“蚝油焖什菌”“平菇焖滑鸡”等。

【加工流程】

用刀切去蒂部→洗净。

【加工方法】

用刀切去少许蒂部，用清水洗净即可。

例 9. 松露

松露（Truffle）分布在意大利、法国、西班牙、中国、新西兰等国，其气味特殊，含有丰富的蛋白质、氨基酸等营养物质。松露对生长环境要求极其苛刻，且无法人工培育，产量稀少，导致了其珍稀昂贵。因此，欧洲人将松露、鱼子酱、鹅肝并称为“世界三大珍肴”。

【烹调用途】

常用于炒、煎、烤和制汤，常见的菜式有“奶酪烤松露”“松露牛肉”“黑松露烩饭”“鹅肝酿黑松露”等。

【加工流程】

洗净泥沙。

【加工方法】

用水洗净泥沙，根据烹调用途可加工成薄片或粒。切松露时是不用刀的，有一种专门的松露刨片器，刨出来的片像纸一样薄，如图 2-38 所示。

图 2-38　加工松露

思考与练习

1.简述制作沙拉时西生菜的加工方法。

2.制作马铃薯焖牛肉、炸薯条、炸薯片时,马铃薯应如何加工?

3. 简述松露在西餐中的应用,并说明其相应的加工方法。

第三章

水产品类原料初加工

学习目标

1. 了解水产品类原料初加工的质量要求
2. 掌握水产品类原料的初加工方法

水产品类原料的初加工是西餐菜肴制作的一道基本工序，有很强的技术性，直接影响菜肴成品的营养、卫生、质量标准及成本核算。掌握西餐水产品类原料的初加工技术，对西餐厨师来说是非常重要的。

西餐中水产品类原料的初加工分为鱼类原料初加工、虾蟹类原料初加工和贝壳类原料初加工三类。

鱼类原料初加工

鱼类原料在切配和烹调之前，都要经过去鱼鳞、鱼鳃、内脏及洗净等初加工过程。具体的初加工步骤依鱼类品种和烹调方法而异，一般而言，先去鱼鳞、鱼鳍、鱼鳃，后去内脏。

一、鱼类原料初加工的基本要求与基本方法

1. 鱼类原料初加工的基本要求

鱼类原料品种多、用途广、风味多样，初加工的方法也多种多样。鱼类原料初加工的基本要求有以下几点：

（1）要根据鱼的不同用途和特点，选择适宜的初加工方法

在西餐烹饪应用中，有些鱼要原条蒸；有些鱼要先起肉、分割，再切成鱼片、鱼球或其他形状后烹制；有些鱼需要砍件，有些用于打制鱼胶。鱼类原料不同的烹调用途决定了其不同的初加工方法，因而去鳞、取内脏的方法也不尽相同。

（2）要清除污秽杂质，符合食品卫生安全要求

不同鱼类都有这样或那样的污秽杂质，有些甚至还带有微毒杂质，尤其是个别鱼类有刺骨和鱼鳍，这些污秽杂质对人体健康或多或少都有不良影响。因此加工时务必除清除尽，以达到干净卫生、安全无害的要求。

（3）要注意加工形态的标准要求

鱼类原料在烹制时一般都对其形态有不同的要求，形态整齐、美观很重要，因此

初加工时要注意，如加工成菊花鱼、松子鱼就有不同的标准和要求。

（4）要符合综合使用原料、节约成本的要求

很多鱼类原料全身都是宝，不仅鱼肉可供食用，鱼皮、鱼骨、头部、尾部等都可以利用，做成不同风味特色的菜品，达到综合利用、提高使用率、节约成本的要求。

（5）要尽可能保存营养成分，提高食用价值

鱼类原料的营养价值都较高，初加工时要注意尽可能保存鱼的营养成分，减少营养素的损失，提高鱼类原料的食用价值。

2. 鱼类原料初加工的基本方法

（1）放血

有些鱼类（如生鱼）初加工前须先放血，目的是使鱼肉质洁白、无血污、无腥味。放血的基本方法是：左手将鱼按在砧板上，右手执刀，在鱼鳃处下刀，切断鳃根，随即放入盆内，让鱼挣扎，使血流尽。对于有甲骨壳的鱼类（如甲鱼等），应先切去其头部，放血后放入70℃左右的热水中浸泡，然后刮去白衣，剖开腹壳，除去肠和黄油。

（2）去鱼鳞、鱼鳍、鱼鳃

用刀刃或刀背逆鱼鳞方向刮去鱼鳞，鲥鱼、鳓鱼的鳞因富含脂肪、味道鲜美，故只除鱼鳃即可，不必去鳞。用剪刀或刀剪（切）除鱼鳍、鱼鳃，鲫鱼的鳍较软，可不切除，鳜鱼、鲈鱼、黄鱼的背鳍非常锐利，须在去鳞前用剪刀剪去（如扎到手容易感染细菌导致发炎），黄鱼须将头皮撕去。

（3）去内脏

一般鱼类原料取内脏的方法有三种：

1）开腹取脏法：在鱼的胸鳍与肛门之间直切一刀，切开腹部取出内脏，刮净黑膜即可。这种方法适用范围较广，尤其是淡水鱼类。

2）开背取脏法：沿着鱼的背鳍线下刀，切开鱼背，取出内脏及鱼鳃即可。这种方法一般用于原条蒸的生鱼，或用于须剔出鱼骨取净肉的鱼类。

3）夹鳃取脏法：在鱼的肛门前 1 厘米处横切一刀，然后用粗筷子或长钳从鱼鳃盖插入，夹住鱼鳃缠拧，在拧出鱼鳃的同时即可把鱼内脏取出。这种方法一般用于较名贵的鱼类，如石斑鱼、鳜鱼、鲈鱼等。

（4）退沙

退沙指鲨鱼皮上有沙粒状的硬质部分，需要先用热水煮沸，然后用稻草摩擦，除去粗皮后再去鳃，最后摘除内脏。

（5）剥皮

对于板鱼等品种，首先应剥去其外皮，再刮去细小的白鳞，然后去头、去内脏。

（6）泡烫

黄鳝、弹涂鱼等因无鳞，故初加工时应先用热水烫后宰杀，除去黏液后剖开鱼腹，除去鱼骨。

（7）洗涤整理

经上述步骤加工的鱼类，需要用水冲洗干净，并略作整理，待用。

二、鱼类原料初加工实例

1. 淡水鱼类初加工

例 1. 草鱼（包括青鱼、生鱼等）

草鱼（Grass Carp）又名鲩、鲩鱼等，广泛分布于世界各国平原地区的江河湖泊，一般喜居于水的中下层和近岸多水草区域，与青鱼、鲢鱼、鳙鱼（也称胖头鱼）并称为世界“四大家鱼”。

草鱼　青鱼

鲢鱼　鳙鱼

【烹调用途】

可整条或起肉用，烹制方法较多，有煎、炸、焗等，常见的菜式有“吉列手指鱼”“忌廉煮鱼”等。

【加工流程】

拍晕鱼→去鱼鳞→去鱼鳃→去内脏→洗净。

【加工方法】

按菜肴要求进行加工。

（1）原条蒸：将鱼拍晕，去鱼鳞、去鳃，切开腹部，取出内脏，刮净黑衣膜，在背脊平拉一刀，洗净即可。

（2）用于煎：去鱼鳞，去鳃，用开腹取脏法切开腹部，取出内脏，在鱼身肛门靠尾部落刀，紧贴脊骨，起出一边鱼肉，再起另一边鱼肉，去皮、切块即可。

（3）起菊花鱼：去鱼鳞，去鳃，切开腹部，取出内脏，刮净黑衣膜，在头身交界处落刀切下鱼头，在刀口处落刀，平刀紧贴脊骨，从头至尾片出一边鱼肉，用同样的方法起出另一边鱼肉，去掉腩骨，在肉面上剞“井”字花纹，洗净即可（图 3-1）。

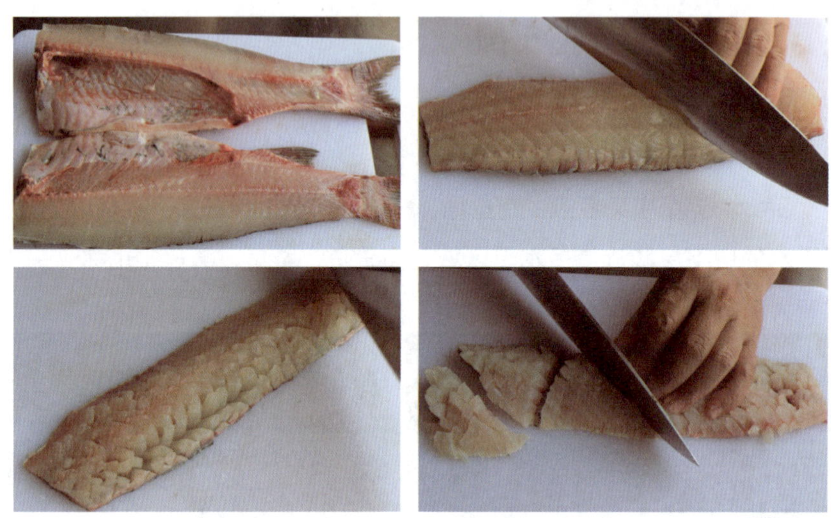

图 3-1　起菊花鱼

例 2. 福寿鱼（包括鲤鱼、鲫鱼、鲢鱼、鳙鱼、鲮鱼等）

福寿鱼又名罗非鱼（Tilapia），俗称非洲鲫鱼、非鲫、越南鱼、南洋鲫等，外形似鲫鱼，鳍为条状多棘，形似鳜鱼，肉质细嫩，味道鲜美。鲤鱼（Crap）肉质细嫩、松散。鲫鱼（Crucian）肉质细嫩，营养价值很高。鲢鱼（Chub）又名白鲢、水鲢、跳鲢、鲢子，肉质鲜嫩，营养丰富。鳙鱼（Bighead Carp）又叫花鲢、胖头鱼，肉质鲜嫩，营养丰富。鲮鱼（Dace）又名土鲮、雪鲮、鲮公、花鲮，富含丰富的蛋白质、维生素 A、钙、镁、硒等营养元素，肉质细嫩、味道鲜美。

福寿鱼

鲤鱼

鲫鱼　　鲮鱼

【烹调用途】

可用于炸、焗、煎等烹调方法，常见的菜式有“香煎福寿鱼”“酥炸鲤鱼”“泰汁鲫鱼”等。

【加工流程】

拍晕鱼→去鱼鳞→去鱼鳃→去内脏→洗净。

【加工方法】

刮去鱼鳞，从鳃下至鱼尾部肛门用平刀在鱼腹中间开肚取出内脏，刮净黑衣膜，去鱼鳃，洗净即可，如图 3-2 所示。

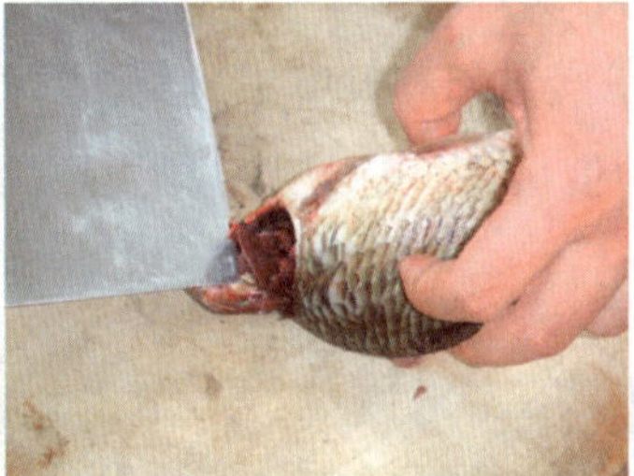

图 3-2　加工鲤鱼

例 3. 鲇鱼

鲇鱼（Catfish）在世界各地均有分布，其肉质细嫩、营养丰富，含有蛋白质和较多的脂肪，对体弱虚损、营养不良的人有较好的食疗作用。

鲇鱼

【烹调用途】

适宜多种烹调方法，如清蒸、焖、炒、炸、煎等，常见的菜式有“豉汁蒸鲇鱼”“蒜子焖鲇鱼”等。

【加工流程】

在鱼背头身交界处下刀→将鱼头劈开→去掉鱼鳃及内脏→洗净黏液。

【加工方法】

按烹调用途进行加工。

（1）原条蒸：在鱼背头身交界处下刀，将鱼头劈开，去掉鱼鳃及内脏，然后在鱼背脊下刀，相隔 2 厘米均匀剞刀（鱼腹相连），洗净黏液即可。

（2）起肉：用平刀从鱼尾至头部紧贴脊骨将两面的鱼肉起出。加工时要注意去净鲇鱼的鱼子和胸鳍硬刺，以防中毒或刺伤皮肤。

（3）用于焖：在鱼背头身交界处下刀，将鱼头劈开，去掉鱼鳃及内脏，斩段（约重 35 克），洗净黏液即可。

例 4. 鳜鱼、鲈鱼、丁桂鱼等

鳜鱼（Mandarin Fish）又名鳜花鱼、桂花鱼、桂鱼、花鲫鱼等，肉质细嫩，刺少，味道极其鲜美。鲈鱼（Perch）肉质细嫩、味道鲜美，营养丰富。丁桂鱼（Tincaeus）肉质细嫩，味道鲜美，营养价值极高，是欧洲各国主要的淡水养殖经济鱼类之一。

鳜鱼

鲈鱼

丁桂鱼

【烹调用途】

烹调鳜鱼的方法较多，可清蒸、炸、焖、炒、油泡等，常见的菜式有“清蒸鳜鱼”“碧绿鳜鱼卷” “油泡鳜鱼球” 等。

【加工流程】

先切断鳃根放血→去鳞→在近肛门上方 1 厘米处横切一刀，切断肠头→用粗筷或铁钳从鳜鱼鳃盖插入鱼腹→拉出鱼鳃的同时拧出内脏→洗净鱼身。

【加工方法】

按烹调用途进行加工。

(1)原条蒸：用夹鳃取脏法加工。先放血、去鳞，在近肛门上方 1 厘米处横切一刀，切断肠头，然后用专用的粗筷或铁钳从鳜鱼鳃盖插入鱼腹，顺一个方向拧动，在拉出鱼鳃的同时拧出内脏，冲洗干净即可（图 3–3）。

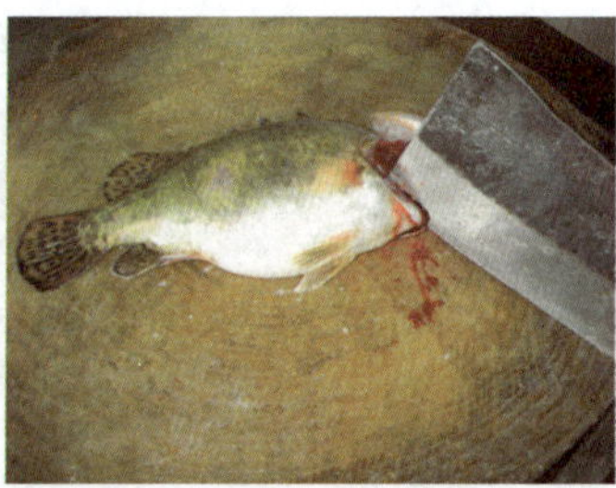
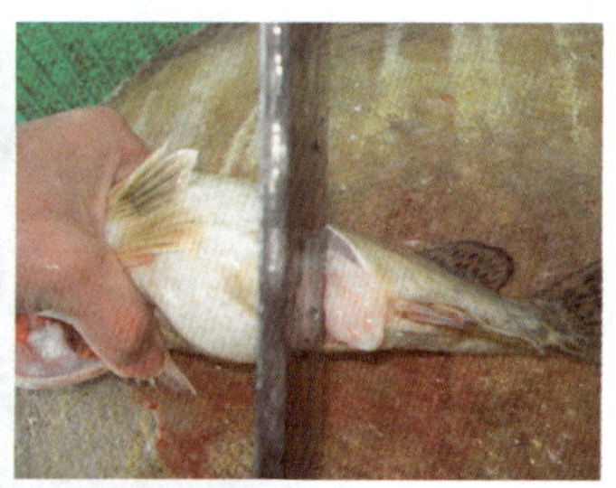

图 3–3 加工鳜鱼

(2) 起肉用：用开腹取脏法，与草鱼的加工方法基本相同。

例 5. 塘鲺

塘鲺（Ponds）学名胡子鲶，又名塘鲺鱼、黄腊丁等，属热带、亚热带鱼类，其肉质细嫩，味道鲜美，营养丰富，还有一定的药用价值。

塘鲺

【烹调用途】

烹制塘鲺有多种方法，如清蒸、焖、炒、油泡等，常见的菜式有“豉汁蒸塘鲺”“油泡塘利球”“一品塘鲺煲”等。

【加工流程】

开腹→去内脏、去头花→去黏液→洗净。

【加工方法】

塘鲺是无鳞鱼，原条用时一般是按开腹取脏法加工；起肉用时则用平刀从鱼尾至鱼头部紧贴脊骨将肉起出。加工时要注意塘鲺的头部有两团花状物，俗称头花，不可食，须切除。

例6. 龙利鱼

龙利鱼（Sole Fish）是一种暖温性近海大型底层鱼类，具有广温、广盐和适应多变环境条件的特点，其肉味鲜美，口感爽滑，无腥味和异味，营养丰富。

龙利鱼

【烹调用途】

可用于清蒸、炒、炸、煎等烹调方法，常见的菜式有“豉汁蒸龙利”“吉列龙利块”“煎封龙利鱼”等。

【加工流程】

去鱼鳍→用刀在鱼尾部横划一小口→撕去两面的鱼皮→除去内脏、鱼鳃→用剔刀沿鱼脊骨处将两侧鱼肉分开→沿鱼骨剔下两面鱼肉。

【加工方法】

按烹调用途进行加工。

（1）原条：用开腹取脏法加工。

（2）起肉加工：将宰杀干净的龙利鱼平放在砧板上，用刀在背骨中央顺划一刀，然后顺刀划向两侧，分别片起出两条鱼肉；将鱼翻过来用同样方法再片起出两条鱼肉。一般每条龙利鱼可起出四条鱼肉。

例 7. 鲟鱼

我国是世界上鲟鱼（Sturgeon）品种最多、分布最广、资源最为丰富的国家之一。

鲟鱼

【烹调用途】

可用于烤、炸、焗、煲汁等烹调方法，常见的菜式有“烟熏鲟鱼”“吉列鲟鱼肝”“莫斯科烤鱼”等。

【加工流程】

用刀将鲟鱼拍晕→在鱼鳃下刀放血→去掉鱼鳃→片出鱼两端的甲片→剖开腹部→去除内脏→洗净。

【加工方法】

（1）用刀将鲟鱼拍晕，在鱼鳃下分别插一刀将鱼放血至死。将鱼平放在砧板上，去掉鱼鳃，用刀片出鱼两端的甲片，在鱼腹下平刀将腹部剖开，去除内脏，洗净。

（2）鱼侧放，用刀从鱼尾向鱼头沿着脊骨起出两条鱼肉，并将鱼皮起出，用清水洗净，再按用途进行加工即可。

例 8. 河鳗

河鳗（River Eel）也称白鳝、鳗鲡，属洄游性鱼类，主要产于长江、珠江、闽江流域、海南岛等江河、湖泊，以冬季出产最为肥美。

河鳗

【烹调用途】

可用于炸、煎、焗、蒸、炖、扒、炒等烹调方法，常见的菜式有“豉汁蟠龙鳝”“串烧白鳝”“香煎金钱白鳝”等。

【加工流程】

摔晕→放血→去肠脏→除黏液→洗净。

【加工方法】

先将白鳝摔晕，在头后颈处斩一刀放血，待其死后，在肛门上方横切一刀，从鳃部拉出肠脏，用盐擦或热水烫的方法去除黏液，洗净即可。按烹调用途进行加工。

（1）用于起肉：用叉将白鳝头插在砧板上，用刀沿着白鳝脊骨切开至尾部，然后在头部将鳝骨切断，将刀身平贴鳝肉，将鳝脊骨片出即可。

（2）用于焖：将白鳝斩成段（每段重约 35 克）即可。

（3）用于原条蒸：先将白鳝摔晕，在头后颈处斩一刀放血，待其死后，在肛门上方横切一刀，从鳃部拉出肠脏，然后在鱼背脊下刀，相隔 1.5 厘米均匀剞刀（鳝腹相连，使其能盘卷），洗净黏液即可。

例 9. 甲鱼

甲鱼（Soft-Shelled Turtle）又称水鱼、团鱼，是鳖的俗称，属卵生两栖爬行动物。

【烹调用途】

可用于清蒸、炒、焗、焖等烹调方法，常见的菜式有“荷叶蒸水鱼”“香草水鱼”“红烧水鱼”等。

【加工流程】

宰杀→烫皮→开壳→取内脏→焯水→洗涤。

【加工方法】

先将甲鱼腹部朝上，待甲鱼伸出头时，用刀对准其颈部，割断其血管和气管，放尽血后放入 70 ~ 80℃的热水中，烫泡 2 ~ 3 分钟取出（水温和烫泡时间可根据甲鱼的老嫩和季节的不同灵活掌握），搓去其周身的脂皮。然后从甲鱼裙边下面两侧的骨缝处割开，掀起背甲，挖去内脏后用清水洗净即可，加工过程如图 3-4 所示。

图 3-4 加工甲鱼

2. 海洋鱼类初加工

例 1. 多宝鱼

多宝鱼（Turbot）学名大菱鲆鱼，又称欧洲比目鱼，是名贵的比目鱼类鱼种，原产于欧洲沿海，现我国沿海均有养殖，是具有较高食用价值和经济价值的海产鱼。

多宝鱼

【烹调用途】

多宝鱼肉质鲜嫩，可用于清蒸、炒、油泡、煎、焗、炸等，常见的菜式有“清蒸多宝鱼”“油泡鱼球”“鲜笋炒多宝”“香煎多宝鱼”“锡纸多宝鱼”等。

【加工流程】

刮净皮棘→去腮→去内脏→洗净。

【加工方法】

按烹调用途进行加工。

（1）原条使用：可用开腹取脏法加工，图 3-5 所示是“清蒸多宝鱼”的加工方法。

(2) 用于起肉：将宰杀干净的多宝鱼平放在砧板上，用刀在背骨中央顺划一刀，然后顺刀划向两侧，分别片起出两条鱼肉；将鱼翻面，用同样的方法再片起出两条鱼肉。一般每条多宝鱼可起出四条鱼肉，洗净即可。

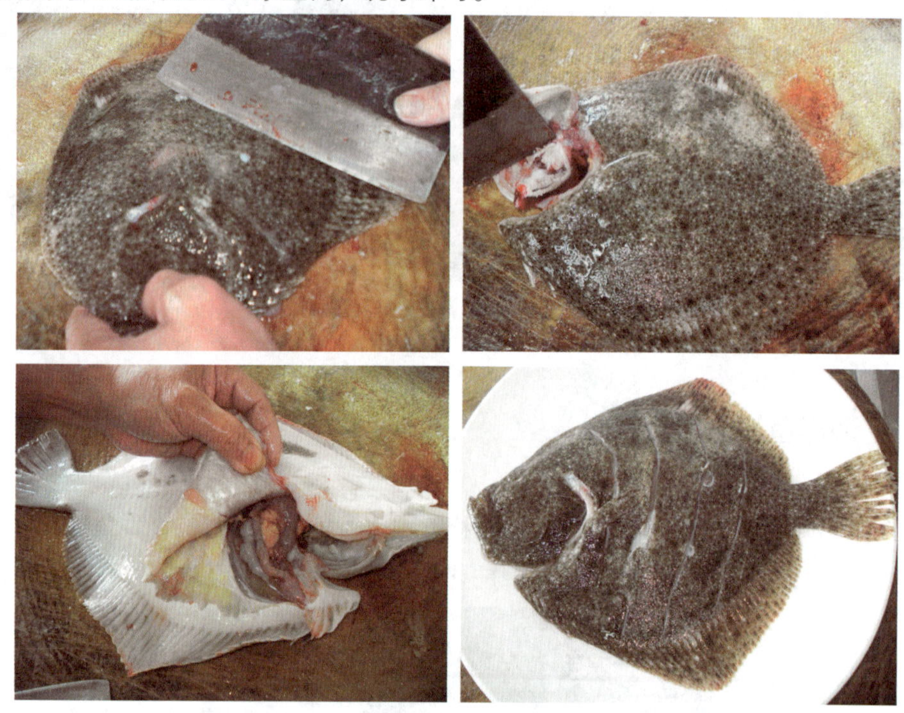

图 3-5 加工多宝鱼

例 2. 比目鱼

比目鱼（Flounder）又名鲽鱼，体甚侧扁，呈长椭圆形、卵圆形或长舌形，广泛分布于各大洋的暖热海域中，种类繁多，全世界有 540 余种，中国产 120 种。比目鱼肉质细嫩而洁白，味鲜美而肥腴。

比目鱼

【烹调用途】

可用于炸、炒、煎、焗等烹调方法，常见的菜式有“法式香煎比目鱼”“白酒龙利鱼柳”“天妇罗比目鱼”“铁扒比目鱼”等。

【加工流程】

剪去鱼鳍→用刀在鱼尾部横划一小口→撕去两面的鱼皮→除去内脏、鱼鳃→用剔刀沿鱼脊骨处将两侧鱼肉分开→沿鱼骨剔下两面鱼肉。

【加工方法】

此类鱼的身体扁平，鱼皮较易剥除，其加工方法是：剪去鱼鳍，用刀在鱼尾部横划一小口，左手按住鱼尾部，右手将鱼皮撕去，用同样的方法撕去另一面鱼皮。在鱼肚左面划一小口，除去内脏，去掉鱼鳃，用剔刀沿鱼脊骨处将两侧鱼肉分开，沿鱼骨剔下鱼肉，用同样的方法剔出另一面鱼肉。

例 3. 鲳鱼

鲳鱼（Pomfret）又名镜鱼、平鱼，是热带、亚热带食用和观赏兼备鱼类，其肉质细腻紧实，味道鲜美，营养丰富。

鲳鱼

【烹调用途】

可用于煎、蒸、焖、炸等，常见的菜式有“煎封鲳鱼”“清蒸鲳鱼”“香煎鲳鱼”“泰式焗鲳鱼”等。

【加工流程】

刮去细鳞→挖除鱼鳃→在腹部划刀→挖出肠脏→洗净。

【加工方法】

将鲳鱼刮去细鳞，挖除鱼鳃，在腹部划刀，挖出肠脏，洗净即可。如用于起肉加工，则将鲳鱼刮鳞、挖鳃、取内脏后，持刀贴着鱼骨将两边鱼肉分别起出即可。

例 4. 鲐鱼、马鲛鱼等

鲐鱼（Mackerels）又名青花鱼、油胴鱼、鲭鱼、花鳀等，分布于北太平洋西部，中国、朝鲜、日本及俄罗斯远东地区。马鲛鱼又名鲅鱼，刺少肉多，肉质洁白，糯软鲜爽，营养丰富。鲐鱼和马鲛鱼都属于海水鱼类，体型基本相似，所以经常被误认为是同一种鱼。

鲐鱼

马鲛鱼

【烹调用途】

多用于煎、炸、焖或起肉制鱼胶，做鱼丸、鱼榄等，常见的菜式有“煎封鲐鱼”“锦绣鱼丸”等。

【加工流程】

去鱼鳃→开腹去内脏→洗净。

【加工方法】

将鲐鱼挖净鱼鳃，用开腹取脏法将鱼内脏挖除洗净；如用于起肉，则持刀贴着鱼骨将两边鱼肉起出即可。

例 5. 海鲈、石斑鱼、马友鱼、大黄鱼、红鲷鱼等

海鲈（Jewfish）大部分海生，分布于温带与热带浅水海域。石斑鱼（Garoupa）营养丰富，肉质细嫩洁白，类似鸡肉，素有“海鸡肉”之称，是一种低脂肪、高蛋白的上等食用鱼。马友鱼是一种富含脂肪、蛋白质、不饱和脂肪酸等营养物质的名贵鱼类。

海鲈

石斑鱼

马友鱼

大黄鱼

红鲷鱼

【烹调用途】

这类鱼的烹调应用十分广泛，可用于煲汁、炸、煎、焗等烹调方法，常见的菜式有“香煎鲷鱼”“焗石斑件女神式”“铁扒海鲈鱼”“炸鱼条鞑靼少司”“煮法式海鲜鱼肉卷”等。

【加工流程】

去鱼鳞→去鱼鳃→去内脏→洗净。

【加工方法】

按烹调用途进行加工。

（1）用于起肉：

1）用刀顺着鱼脊骨把上下两面的鱼背切开，再用刀从头部斜着切出一个切口。

2）先从头部起，用刀沿着鱼脊骨向后剔，把背部的鱼肉剔出来；然后顺着腹骨向下剔，剔时要注意使鱼肉与腹骨分离，仔细地把上面的鱼肉剔下来。把鱼翻过来，按同样方法把另一面的鱼肉也剔下来。

3）用镊子捏去鱼肉上的刺。

4）用刀在鱼肉尾部切一个切口，一只手拉着鱼尾，另一只手用刀把鱼皮剥掉。

（2）原条蒸：为保持鱼的外形美观，可用夹鳃取脏法加工。先放血、去鳞，在肛门上方 1 厘米处横切一刀，切断肠，然后用专用的粗筷或铁钳，从鱼鳃盖处插入鱼腹，顺一个方向拧动，在拉出鱼鳃的同时拧出内脏，洗净即可。

例 6. 海鳗

海鳗(Daggertooth Pike Conger)分布于长江口近海水域。海鳗肉厚、质细、味美，含脂量高，营养丰富，可供鲜食、制咸干品或罐头。海鳗肉与其他鱼肉掺和可制成鱼丸和鱼香肠，味更鲜美而富有弹性。晒干品“鳗鱼鲞”和干制海鳗鳔均为食用佳品。

海鳗

【烹调用途】

可用于炸、煎、焗、炖、扒等烹调方法，常见的菜式有“海鲜周打汤”“串烧海鳗”“日式焗海鳗”等。

【加工流程】

放血→剖腹去内脏→洗净。

【加工方法】

将海鳗摔晕，在头后颈部斩一刀放血，待其死后，在肛门上方横切一刀，从鳃部拉出肠脏，用盐擦或热水烫的方法去除其黏液，斩成段洗净即可。按烹调用途进行加工，出肉或斩件均可。

例 7. 鳓鱼

鳓鱼（Chinese Herring）又称曹白鱼、白鳞鱼，肉质鲜嫩肥美，但细刺较多。

鳓鱼

【烹调用途】

可用于烧、清蒸、炸、焖、烤等烹调方法，常见的菜式有“红烧鳓鱼”“鳓鱼汤”“煎鳓鱼”等。

【加工流程】

刮去鱼鳞→挖除鱼鳃→在腹部划一刀→挖出肠脏→洗净。

【加工方法】

将鱼刮去细鳞，挖除鱼鳃，在腹部划刀，挖出肠脏，洗净即可。如用于起肉加工，则将鱼刮鳞挖鳃后，持刀贴着鱼骨将两边的鱼肉分别起出即可。

例 8. 三文鱼

三文鱼（Salmon Fish）也叫撒蒙鱼或萨门鱼，是西餐中较常用的鱼类原料之一。在不同国家的消费市场，三文鱼涵盖不同的种类，挪威三文鱼主要为大西洋鲑，芬兰三文鱼主要是养殖的大规格红肉虹鳟，美国的三文鱼主要是阿拉斯加鲑鱼。三文鱼鳞小刺少，肉色橙红，肉质细嫩鲜美。

三文鱼

【烹调用途】

既可直接生食（刺身），又能用于焖、煎、炸等烹调方法，常见的菜式有“煎封三文鱼”“烟熏三文鱼”“焗三文鱼”等。

【加工流程】

洗净→去鳞→去鳃→在鱼背部用刀从头向尾紧贴鱼骨将鱼肉剔下→用镊子拔去鱼刺→去皮。

【加工方法】

根据烹调用途进行加工。

（1）用于起肉：将三文鱼洗净，去鳞、去鳃，在鱼背部用刀从头向尾紧贴鱼骨将鱼肉剔下，另一面方法相同；取下鱼片放在案板上，鱼肉朝上，用镊子拔去鱼刺，左手按住鱼尾部，右手持刀紧贴鱼皮轻轻向前推，将鱼皮去掉，如图 3-6 所示。

图 3-6 加工三文鱼

（2）制作刺身：将三文鱼去鳞、去腮，起出两边的鱼肉，用镊子捏去鱼刺，即可细加工。

（3）用于焖：将三文鱼去鳞、去腮，斩成块（重约 35 克）即可。

注意事项：三文鱼用于制作热菜时，其最佳成熟度为七成熟，这样的成熟度口感软滑鲜嫩、香糯松散。

虾蟹类原料初加工

虾、蟹属于节肢类动物，生活在淡水或海水中。虾类原料主要有龙虾、龙虾仔、基围虾、对虾、毛虾、河虾等，蟹类原料主要有肉蟹、膏蟹、花蟹、皇帝蟹等。

一、虾蟹类原料初加工的技术要求

（1）结合品种特点，合理选用加工方法

虾蟹类原料适用于很多种烹调方法，菜肴风味丰富多彩，因此在初步加工时要注意根据烹调用法和成菜特点进行加工，保证菜肴的质量。

1）虾类原料的初加工是先剪去虾枪、须，挑出头部砂袋，用刀在背脊处划开，剔去虾筋、虾肠即可。

2）蟹类原料的初加工是先用刷子将蟹壳刷洗干净，去除蟹壳，再用清水清洗干净即可。蟹类原料的组织结构比较特殊，可食用与不能食用部位混杂，污垢、蟹胃、壳屑和杂质等不能食用，蟹腮、蟹脚等不宜食用。因此在初加工时一定要分清并清除干净。

（2）注意清洁卫生，保证食品营养卫生

虾蟹类原料一般都含有较丰富的营养素，有较高的营养价值和食用价值，在初加工时要小心，尽量不要破坏或损坏原料的营养物质，保证食品的营养卫生和食品安全。

（3）合理使用原料，节约成本。

二、虾蟹类原料初加工实例

1. 虾类原料初加工

例 1. 青虾、罗氏沼虾、对虾

青虾（Shrimp）学名沼虾，主要分布于中国和日本的淡水水域，繁殖力高，适应性强，食性广，肉味鲜美。罗氏沼虾又名白脚虾、马来西亚大虾、金钱虾、万氏对虾等，素有“淡水虾王”之称，是世界上养殖量最高的三大虾种之一，其壳薄体肥，肉质鲜嫩，味道鲜美，营养丰富。

青虾

罗氏沼虾

【烹调用途】

青虾可用于蒸、炒、炸、焗、煎等烹调方法，常见的菜式有“串烧大虾”“脆炸直虾”“西汁焗虾”“蒸鱼虾卷番红花少司”“香煎大虾”等。

【加工流程】

洗净→去壳（或剪去虾须、虾枪、虾爪）。

【加工方法】

根据烹调用途进行加工。

（1）淡水大头虾的切割出肉方法

1）在 5 片虾尾中拧下中间的一片虾尾，直接向后拉，即可把虾肠一起拉出来，摘除。然后，将虾立刻投入煮沸的水中，待水再次沸腾后，煮 2 ~ 3 分钟捞出。接着将虾放进冰水中，以免余热继续把虾肉加热过火。

2）拧下虾头，用两指横向挤压第一节虾壳，将其挤裂，剥下第一节虾壳。

3）将虾腹朝上，用拇指和食指挤压虾尾，把虾肉从虾壳中挤出。

（2）用于煎：剪成虾碌，剪去虾须、虾枪、虾爪、虾足，挑去虾头沙袋及虾肠，剪去三叉尾，洗净即可。

例 2. 龙虾

龙虾（Lobster）是虾类中体型最大的一种，因其形态威武，故称龙虾。龙虾的品种较多，有中国龙虾、日本龙虾、澳洲锦绣龙虾等，主要产于热带至温带沿海，我国东海和南海均产，以南海产量较多。

龙虾

【烹调用途】

龙虾是烹制高档菜肴的原料，可用于煎、焗、炸、炒等烹调方法，也可制作刺身，常见的菜式有“龙虾浓汤”“芝士龙虾”“盘焗龙虾”“三色炒龙虾”“龙虾刺身”等。

【加工流程】

将竹签由龙虾尾部插向头部，使龙虾排尿→扭断虾头→切断虾尾→洗净。

【加工方法】

先用竹签由龙虾尾部插向头部，令龙虾排尿，然后扭断虾头，切断虾尾，洗净即可，如图 3-7 所示。

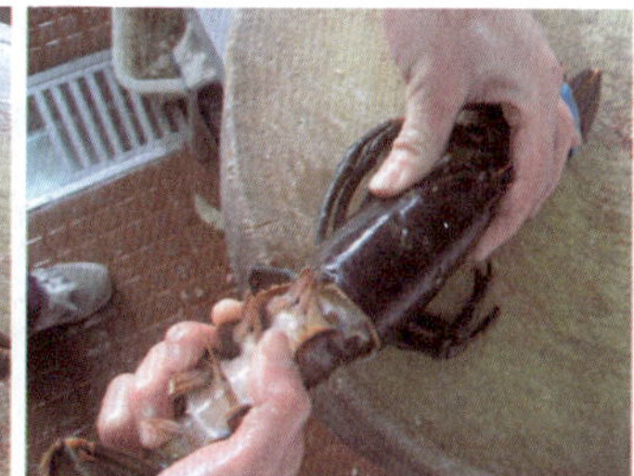

图 3-7　加工龙虾

龙虾的切割出肉方法：

（1）用刀把虾头和虾身之间的薄膜切开，摘除虾头。

（2）把虾腹朝上，用剪刀剪开龙虾腹壳的两侧，剥下虾腹的壳。

（3）剥出虾肉，在虾背上切出一条浅缝，摘出虾肠。

例 3. 濑尿虾

濑尿虾（Mantis Shrimp）也称皮皮虾，其肉质细嫩，味道鲜美。

濑尿虾

【烹调用途】

可用于煎、焗、炸等烹调方法，常见的菜式有“椒盐濑尿虾”“盐水濑尿虾”等。

【加工流程】

洗净→按烹调用途进行加工。

【加工方法】

用于蒸、灼的原只洗净即可；用于炒的则将濑尿虾外壳剥去，去头尾，取出虾肉即可。

2. 蟹类原料初加工

（1）蟹（Crab）的种类

烹饪中常见的蟹类原料主要有以下几个品种：

1）中华绒螯蟹。又称河蟹、螃蟹、毛蟹、清水蟹、湖蟹。

2）青蟹。又称潮蟹，品种与叫法较多，有海南和乐蟹、黄油蟹、重皮蟹、水蟹等，按雌雄又分肉蟹和膏蟹等。

3）海蟹。又称红蟹、红花蟹、花蟹。

蟹可用于清蒸、焗、炒、炸等烹调方法，常见的菜式有“蟹肉沙拉”“咖喱炒蟹”“法式面包蟹”等。

（2）蟹的加工流程

先用刷子将蟹壳刷洗干净→去除蟹壳→再用清水清洗干净。

（3）蟹的加工方法

中华绒螯蟹

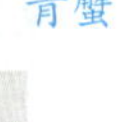

青蟹

海蟹

烹调用途不同，蟹的加工方法也不同。

1）用于原只蟹烹制：宰蟹时先将蟹背朝下，放在砧板上，用刀尖往蟹阉部（也有往眼部的）戳进，令蟹死亡；将蟹翻转，用刀身压住蟹爪，用手将蟹盖掀起，削去蟹盖弯边及刺尖；膏蟹去除蟹黄（蟹卵），用小碗盛好；刮去蟹腮及污物，切去蟹阉，取出内脏，洗净后即可原只烹制。

2）用于碎件：将宰净的蟹剁下蟹螯（蟹钳），斩成两节并拍裂，将蟹身切成两半，剁去爪尖，斩成若干块，每块至少带一爪。

3）用于蒸：用于蒸的膏蟹须将蟹盖修成小圆片，用于盛放蟹黄，如图 3-8 所示。

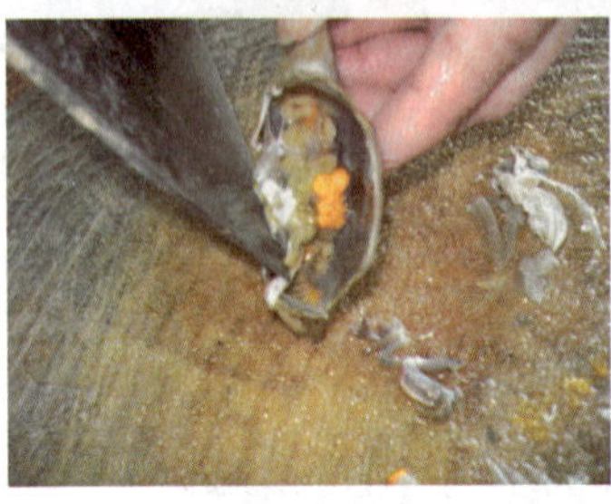

图 3-8　蟹的加工

4）拆蟹肉：先将蟹蒸熟或煮熟取出。

出腿肉：将蟹腿取下，剪去一头，用擀面杖在蟹腿上向剪开的方向滚压，把腿肉挤出即可。

出螯肉：将蟹螯掰下，用刀拍碎螯壳后，取出螯肉即可。

出蟹黄：先剥去蟹脐，挖出小黄，再掀下蟹盖用竹签剔出蟹黄。

出身肉：将掀下蟹盖的蟹身肉用竹签剔出。也可将蟹身片开，再用竹签剔出蟹肉。

贝壳类原料初加工

贝壳类原料是水产品类原料中的软体动物，因其风味特殊，也是西餐中的重要原料。作为西餐原料食用的贝壳类，主要分为腹足类、瓣鳃类和头足类三类。腹足类原料大多有单一的呈螺旋状的贝壳，如海螺等；瓣鳃类原料一般具有两个贝壳，身体侧扁，如蛤蜊等；头足类原料的身体分为头部、躯干部和漏斗三部分，贝壳有的为外壳，有的被外套膜包入形成内壳或退化，如乌贼等。

一、贝壳类原料的初加工要求

贝壳类原料一般带壳，属于软体动物类水产品，初加工有其特殊的要求：

（1）要了解原料本身的组织结构，除去不能食用的部位

贝壳类原料的组织结构比较特殊，多种多样，可食用与不能食用部位复杂，含有较多的寄生物、壳屑、黏液等，因此在初加工时一定要分清并清除干净。

（2）要根据烹调方法和成菜特点进行加工

贝壳类原料的品种较多，可用多种烹调方法烹制成菜肴，菜式风味也很丰富，因此在初加工时要注意根据烹调方法和成菜特点进行加工，以免影响菜肴的质量。

（3）要尽量保留原料的营养成分

贝壳类原料一般都含有较丰富的营养素，有较高的营养价值和食用价值，因此在初加工时要注意仔细加工，尽量不要破坏或损坏原料的营养物质。

二、贝壳类原料初加工实例

例 1. 鲜鲍鱼

鲍鱼（Abalone）产自各大洋中，以太平洋沿岸及其部分岛礁周围分布的种类与数量最多，印度洋次之，大西洋最少，我国沿海各地，以辽宁大连、广东湛江等地所产较著名。

【烹调用途】

用鲜鲍鱼能制作很多高档名贵菜肴，可蒸、焗、焖、扒等，常见的菜式有“蒸鲜鲍”“炒鲍鱼粒”“香蒜焗鲍鱼”等。

【加工流程】

用刷子将鲜鲍鱼内外刷洗干净→去除内脏→用刀将肉切离壳。

【加工方法】

用刷子将鲜鲍鱼内外刷洗干净，除去内脏，用刀将肉与外壳切离，取出肉体即可，如图 3–9 所示。

图 3–9　加工鲜鲍鱼

例 2. 响螺

响螺（Giant Conch）又称香螺、金丝螺，我国沿海各地均有出产。

响螺

【烹调用途】

响螺的烹调方法有焗、炒、煎等，常见的菜式有“烤海螺”“炒响螺粒”“海螺刺身”等。

【加工流程】

用锤子敲破螺嘴外壳→取出螺肉→去掉螺阄→用盐水刷洗去除黏物和黑衣→挤去螺肠→洗净。

【加工方法】

根据烹调用途进行加工。

取肉法：手执螺底，用锤子敲破螺嘴外壳，取出螺肉，去掉螺阄，用盐水或枧水刷洗去除黏物和黑衣，挤去螺肠，洗净即可。

例 3. 牡蛎

牡蛎（Oyster）又称蚝、鲜蚝、蛎、海蛎子等，我国沿海均出产，以两广地区海域产量较大。

牡蛎

【烹调用途】

烹制牡蛎的方法有很多，如蒸、炒、炸、煲、烤、刺身等。常见的菜式有“鲜生蚝奶油汤”“脆炸生蚝”“串烧鲜蚝”“法式焗生蚝”等。

【加工流程】

撬开蚝壳→取出蚝肉→去壳屑→去除黏液→洗净。

【加工方法】

牡蛎的切割出肉方法。

（1）用清水冲洗鲜牡蛎，用硬毛刷刷掉牡蛎表面的杂物。

（2）右手握住牡蛎刀，左手与牡蛎之间放一块干净的布巾保护左手，将牡蛎刀插入牡蛎的贝壳，在上贝壳的下面滑动牡蛎刀，直至切去上贝壳和与上贝壳连接的闭壳肌，尽量不要切破牡蛎肉，顺着下贝壳将与其连接的牡蛎肉松动，保留下贝壳，去掉牡蛎肉中存留的碎贝壳即可。

例 4. 象拔蚌

象拔蚌（Geoduck）又称海笋、皇帝蚌，是一种海产贝类，其个体有大有小，栖息地因种类而异。象拔蚌有很高的营养价值，主要食用部位为其水管肌。

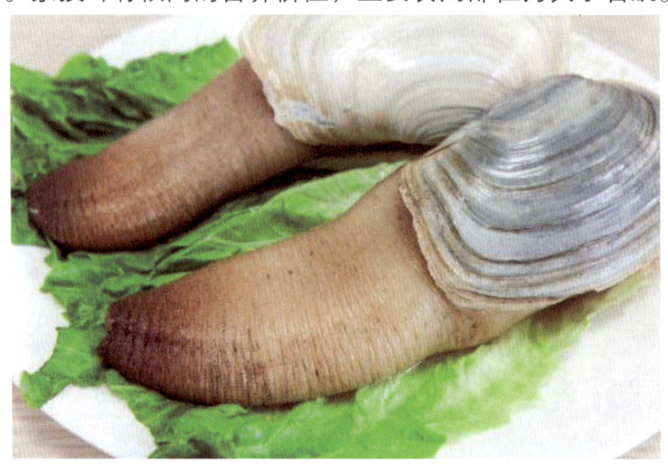

象拔蚌

【烹调用途】

主要用于炒、酱爆、刺身等烹制方法，常见的菜式有“象拔蚌刺身”“XO 酱爆象拔蚌”“烤象拔蚌”等。

【加工流程】

用刀剔除两个蚌壳→取出肉→将蚌放入 80℃的热水中略烫→撕去外膜→洗净。

【加工方法】

（1）将象拔蚌放在砧板上，用刀剔除两个蚌壳。剔壳时先用刀翘起一边蚌壳，另一边蚌壳用手按住（如果怕打滑，可以用一块湿毛巾按住）。

（2）剔壳时，刀要紧贴着蚌壳，以免将肉剔坏。

（3）蚌壳与肉分离后，用清水分别洗净。

（4）将锅中水烧开，水温在 80℃左右时，将蚌肉放入锅中略烫一下，约 10 秒后迅速将蚌肉取出，用冷水浸泡，从蚌身的底部往上将其外膜层撕掉。

（5）用刀将蚌身与蚌胆轻轻分离。蚌身外部可用钢丝球轻轻地擦拭掉污物，再用清水将象拔蚌冲洗干净。加工过程如图 3-10 所示。

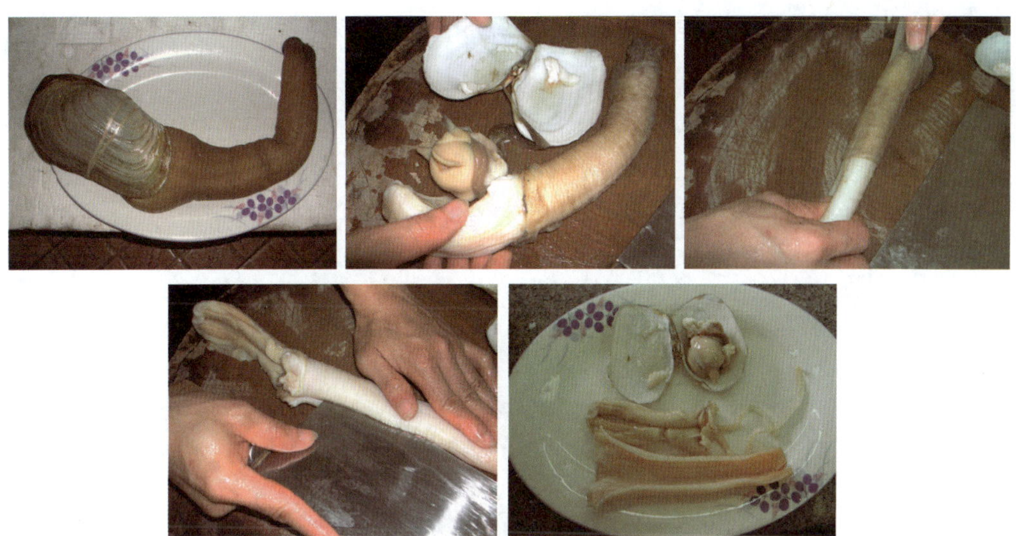

图 3-10 加工象拔蚌

例 5. 扇贝

扇贝（Scallop）又名海扇，其肉质洁白细嫩、味道鲜美、营养丰富。扇贝干制后即成“干贝”，是“海八珍”之一。

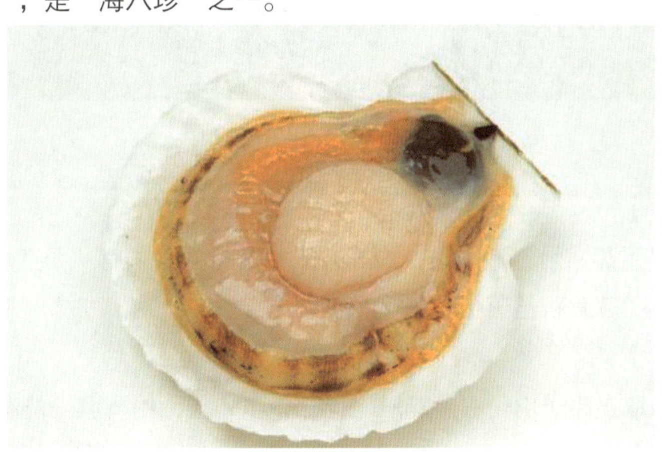

扇贝

【烹调用途】

烹制扇贝肉多用蒸、炒、泡、滚、灼等方法，常见的菜式有“海鲜沙拉”“炒扇贝肉”“蒜茸蒸元贝”“芝士扇贝焗饭”等。

【加工流程】

撬开贝壳→取出扇贝肉→去除贝肠→撕除贝肉周围的薄膜→洗净。

【加工方法】

（1）将扇贝壳的扁平面朝上，顺着该贝壳内壁，把刀插进贝壳内，撬开贝壳。

（2）找到位于贝壳张合关节处的贝肠，用刀把贝肠切下来，再将肠和系带一起撕下来。

（3）用刀把贝肉切下来，用手撕除贝肉周围的薄膜和白而硬的贝肉，并用与海水浓度相近的盐水简单地洗一下贝肉。

（4）从系带上把肠和红色贝肉撕下来，再把系带放在冷水中冲洗一下即可。

例 6. 带子

带子，北方称鲜贝，其肉圆形、扁状、质软，滋味鲜美，可鲜食，也可干食。带子的营养价值极高，是珍贵的海产食品。

带子

【烹调用途】

烹制带子多用蒸、炒、泡、滚、灼等方法，常见的菜式有“西芹炒带子肉”“牛油蒜茸焗带子”“蒜茸粉丝蒸带子”等。

【加工流程】

撬开贝壳→取出带子肉→去除肠脏→撕除带子肉周围的薄膜→洗净并吸干水分。

【加工方法】

（1）把带子壳的扁平面朝上，顺着带子内壁把刀插进带子内，撬开带子壳。

（2）用刀把带子肠切下来，再将带子肠和系带一起撕下来。

（3）用刀把带子肉切下来，并用与海水浓度相近的盐水简单地洗一下带子肉。

（4）如果用于原只蒸，则用剪刀将带子壳剪圆并洗净，将洗净并吸干水分的带子肉放回带子壳上即可，加工过程如图 3-11 所示。

图 3-11 加工带子

例 7. 蛏子、蛤蜊等

蛏子（Veneridae）又名蛏子皇、圣子、竹蝗等，其贝壳长，近柱状或卵圆形，两壳相等，其肉可鲜食，也可加工制成蛏干、蛏油等。蛤蜊（Clam）生活在浅海底，有花蛤、文蛤、西施舌等诸多品种，其肉质鲜美无比，被称为“天下第一鲜”“百味之冠”，且营养丰富。

蛏子　　蛤蜊

【烹调用途】

烹制蛏子肉多用蒸、炒、泡、滚、灼等方法，常见的菜式有“蒜茸蒸蛏子”“姜葱炒蛏子”“白灼蛏子肉”“海鲜焗饭”等。

【加工流程】

洗刷干净外壳→将蛏子肉洗净。

【加工方法】

将蛏子外壳洗刷干净，注意将已死的蛏子拣出弃之。加工时注意去净泥沙杂质，用清水冲洗干净。如取蛏子肉，可将蛏子用沸水焯一下，再剥去其外壳，即可取出蛏子肉。

例 8. 蜗牛

蜗牛（Snail）具有很高的食用和药用价值，其营养丰富、味道鲜美，是高蛋白食品原料。目前国际市场上销售的食用蜗牛主要有法国蜗牛、庭园蜗牛和玛瑙蜗牛等，法国蜗牛一般用来做法国菜的头盘菜。

蜗牛

【烹调用途】

烹制蜗牛多用焗、炒、蒸等方法，常见的菜式有“烙烤蜗牛”“蜗牛周打汤”“法式拿破仑蜗牛”“法式焗蜗牛”等。

【加工流程】

用锤子敲破蜗牛外壳→取出蜗牛肉→去掉蜗牛阉→用盐水刷洗去除黏物和黑衣→挤去蜗牛肠→洗净。

【加工方法】

根据烹调用途进行加工。

用于取肉时，手执蜗牛底，用锤子敲破蜗牛嘴外壳，取出蜗牛肉，去掉蜗牛阉，用盐水或枧水刷洗去除黏物和黑衣，挤去蜗牛肠，洗净即可。

例 9. 墨鱼

墨鱼（Cuttloefish）也称乌贼鱼、墨斗鱼、目鱼等，不但味感鲜脆爽口，蛋白质含量高，具有较高的营养价值，而且药用价值也很高。

墨鱼

【烹调用途】

多用炒、泡、灼、炸、卤味等方法烹制菜肴，常见的菜式有“碧绿炒鲜墨”“天妇罗墨鱼球”“白灼鲜墨鱼”“香芹花枝片”“鲜罗勒炒墨鱼”等。

【加工流程】

剥除墨囊→剪开腹部→剥出粉骨→剥去外衣、嘴、眼→洗净。

【加工方法】

用刀切开或用剪刀剪开墨鱼腹部，剥出粉骨，剥去外衣、嘴、眼，冲洗干净。墨鱼有墨囊，墨汁较多，须小心剥除墨囊，洗净即可。

例 10. 鱿鱼

鱿鱼（Squid）也称柔鱼、枪乌贼，主要分布于热带和温带浅海，其肉质洁白紧实，营养价值很高，是名贵的海产品。

鱿鱼

【烹调用途】

多用炒、泡、灼、炸、卤味等方法烹制菜肴，常见的菜式有“碧绿炒鲜鱿”“椒盐鲜鱿”“糖醋鲜鱿”“白灼鲜鱿鱼”“日式烧鱿鱼”“吊烧鱿鱼”等。

【加工流程】

用剪刀剪开腹部→剥出软骨→剥去外衣、嘴、眼→洗净。

【加工方法】

用刀切开或用剪刀剪开鲜鱿鱼腹部，剥出软骨，剥去外衣、嘴、眼，冲洗干净即可。

思考与练习

1.简述三文鱼的初加工方法。
2.你会选取哪类鱼制作法式海鲜鱼肉卷？该如何进行加工？
3. 简述龙虾在制作焗类菜肴中的加工方法。
4. 如何拆取蟹肉？
5. 怎样加工海螺？
6. 简述牡蛎的切割出肉方法。

第四章

家禽类原料初加工

学习目标

1．了解家禽类原料的初加工方法和技术要领

2．掌握家禽类原料的切割工艺

西餐中家禽类原料具有各种不同的品质特征，因此各有不同的用途，被选用的原料中有的是毛料，有的带骨，不能直接烹制成菜。因此，为了使原料符合烹制的要求，必须进行初加工以及进行部位分割和出肉加工等。

家禽类原料初加工的质量要求及初加工方法

家禽类原料是烹制西餐菜肴的重要原料之一，常用的有鸡、鸭、鹅、家鸽、鹌鹑等。家禽类原料的组织结构大致相同，因此初加工的方法也基本相同，一般都要经过宰杀、烫泡、煺毛、开膛取内脏、洗涤几个环节。此外，家禽类原料初加工还包括分档取料和整料出骨环节，其操作技术难度较高。

一、家禽类原料初加工的质量要求

1. 宰杀

宰杀时要将气管、血管割断，放尽血液。为了节省加工时间，可同时割断家禽的气管和血管，使其血液迅速流尽，断气身亡。如果气管、血管没有完全割断，血液就不能放干净，而使肉色发红，影响菜肴成品质量。

2. 煺毛

禽类的毛是否煺尽是判断初加工质量好坏的重要一环，其技术要求较高，既要煺净禽毛，又要保证禽皮完整、无破损，以免影响菜肴的整体形态。煺毛环节的关键在于烫泡时水温和烫泡时间的控制，总的原则是根据家禽品种、老嫩和加工季节的变化灵活掌握，质老的家禽煺毛时水温要高些，时间要长些；夏季时水温较冬季偏低，时间也要短些。

3. 洗涤

洗涤时应对家禽口腔、颈部刀口处、腹腔、肛门等部位进行重点冲洗，以确保原料的卫生，否则将影响菜肴质量。禽类的内脏及各种腺体、脖头淋巴要去掉，以符合卫生要求。

4. 合理分档

应根据菜品的不同要求选择不同的开膛方法并合理分档取料。

5. 物尽其用

西餐中家禽的内脏很少用来烹制菜肴，一般用整禽或者分档使用，在初加工时应提高利用率，降低产品成本。

二、家禽类原料的初加工方法

家禽类原料的初加工过程较为复杂，要求也较严格，必须按照正确的步骤进行。具体方法主要体现在宰杀、煺毛、剖腹清除内脏几大环节，但目前西餐厨房中，所使用的禽类原料基本上是已经过初加工及分档处理过的光禽或各个部位，而且这类原料大部分为冷冻品。为了全面掌握家禽类原料的初加工方法，下面以活鸡、鸽子、鹌鹑、鸭子的初加工为例，进行详细介绍。

1. 活鸡的初加工

活鸡的初加工步骤是：

割喉放血→烫泡→煺毛→开膛取内脏→洗涤待用。

（1）割喉放血

宰杀时左手握住鸡翅，用小拇指勾住鸡的右腿，大拇指和食指紧紧捏住鸡的颈部，右手执刀割断鸡的气管和血管，放尽鸡血，如图 4-1 所示。

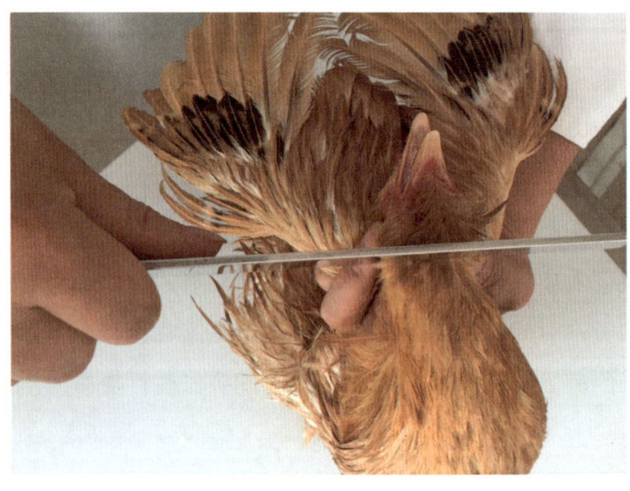

图 4-1 割喉放血

（2）烫泡

待鸡血放净，鸡停止挣扎，完全死后，将鸡放入 80 ~ 90℃的热水中烫泡均匀，烫泡 1 ~ 2 分钟即可，如图 4-2 所示。

图 4-2 烫泡

（3）煺毛

先煺翅毛、腿毛、身毛，后煺头毛，水温不宜过低或过高，用力不宜过大，否则毛不易煺干净，还会损伤鸡皮。去掉鸡爪皮，剥去鸡嘴壳，煺净鸡身毛，洗净，如图 4-3 所示。

图 4-3 煺毛

（4）开膛取内脏

1）仔细摘除鸡身上的细毛，剁去鸡的双爪，在鸡颈部靠近身体处直划一刀，取出鸡嗉，抽出气管和食管。

2）用刀在鸡的腹部近肛门处横开一刀口，长度约为 6 厘米，左手掌用力托住鸡背脊，右手伸入刀口内，先将五指合拢，在腹腔内空旋一周，等内脏的筋膜与躯体脱开，再用手指抓住全部内脏，用力拉出（注意不要拉破苦胆）。

3）用大拇指和食指勾拉出嵌在脊骨旁的双肺。这种开膛取内脏的方法操作简便，应用广泛。

开膛取内脏过程如图 4-4 所示。

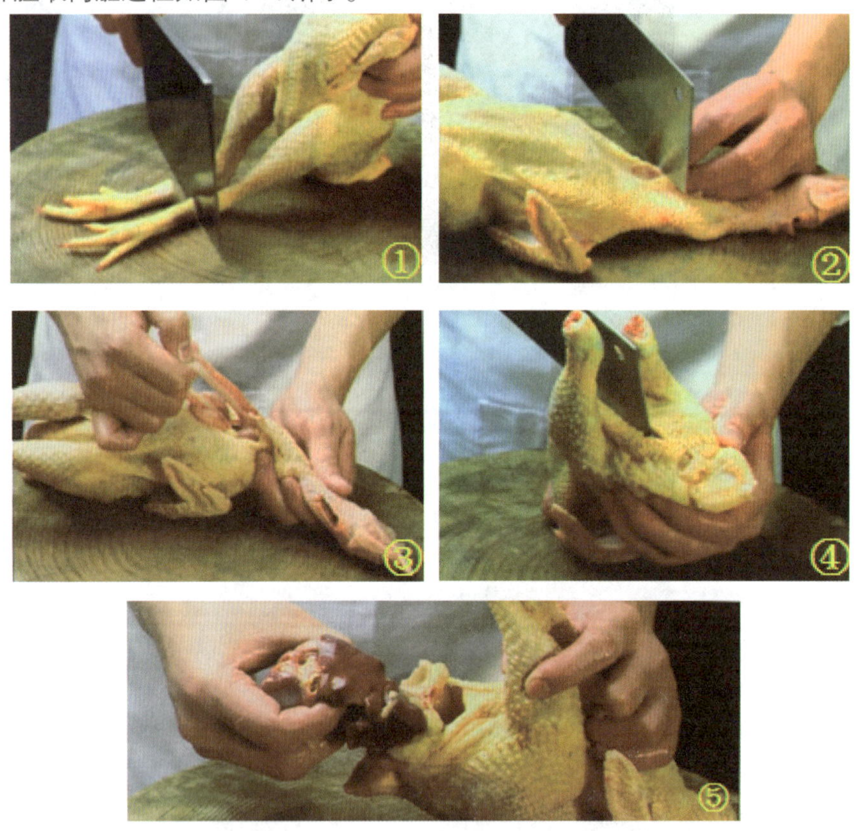

图 4-4 开膛取内脏

（5）洗涤

将加工好的鸡用清水洗涤干净即可。

2. 鸽子的初加工

活鸽子的初加工步骤：

溺杀→烫泡→煺毛→开膛取内脏→洗涤待用。

（1）溺杀

用左手虎口握住鸽子的翅膀，右手抓住鸽子的头，将其头浸入水盆中，至鸽子窒息死亡。

（2）烫泡

将鸽子放入60℃的热水中烫泡均匀。

（3）煺毛

去掉鸽子的爪皮，剥去鸽子的嘴壳，煺净鸽子身上的毛，洗净。

（4）开膛取内脏

1）用手仔细摘除鸽子身上的细毛，然后切除爪和翼。

2）纵向在颈皮上切开一个长口，把颈骨拉出来，切除颈和头。

3）摘除食道和肺。用手指抓住气管，将其从颈皮中撕下来，然后再抓住肺，用手将肺脏撕出来。初加工时必须预先摘除这两部分，否则向外摘除内脏时，由于内脏和这两部分相连，将使内脏被撕破。

4）摘除V形锁骨，以便于鸽子成熟后能把肉块切整齐。

5）在肛门处切开一个大口，从此处把其内脏摘除并洗涤干净。

3. 鹌鹑的初加工

鹌鹑的初加工步骤：

宰杀→煺毛→开膛取内脏→洗涤待用。

初加工方法一：

用左手虎口握住鹌鹑的翅膀，右手紧紧掐住鹌鹑的脊骨，用力扭断使其致死。然后左右手配合，用力翻剥，将鹌鹑的皮毛去掉，用手拉破腹部的皮肉，手指伸入，拉出全部内脏，用水冲洗干净即可。

初加工方法二：

用左手虎口握住鹌鹑的翅膀，右手大拇指和食指紧紧掐住鹌鹑的鼻腔和口，直到鹌鹑无法呼吸，窒息死亡，然后用手拔去鹌鹑的毛，先用水冲洗一下，再用剪刀将其腹部的皮肉剪开，拉出全部内脏，用清水反复冲洗干净即可。

初加工方法三：

用右手的虎口将鹌鹑的翅膀抓住（也可用布绳将其翅膀扎住，然后拎起右腿），用力往下摔，使鹌鹑的头撞在台角或砧墩上，摔至其双腿无法站立，头歪斜到一边，然后用温水烫或用手直接干拔去毛，再用剪刀将鹌鹑的腹部剖开，取出内脏，用清水反复冲洗净血污、黏液即可。

4. 鸭子的初加工

鸭子的初加工步骤：

宰杀放血→烫泡→煺毛→开膛取内脏→洗涤待用。

开膛取内脏方法：

（1）先在鸭颈部靠近身体处直划一刀，然后取出嗉包、抽出气管和食管。

（2）用刀在鸭的腹部近肛门处横开一刀口，长度约6厘米；左手掌用力托住鸭背脊，右手伸入刀口内，先将五指合拢，在腹腔内空旋一周，等内脏的筋膜与躯体脱开，再用手指抓住全部内脏，用力拉出。

（3）用大拇指和食指勾拉出鸭的双肺。

（4）将加工好的鸭用清水洗涤干净即可。

三、家禽类原料初加工技术要领

（1）宰杀禽类时，其气管、血管必须割断，血要放尽。

（2）脱毛时，烫泡水温要适宜，要根据禽类的品种、产地、肉质和季节变化来决定水温和烫泡的时间。

（3）禽类的内脏、血污和污秽必须清除干净，并要反复冲洗干净，否则不符合卫生要求，并影响菜肴的色泽和口味。

（4）合理选料，做到物尽其用。

家禽类原料分档取料

家禽类原料的分档取料是一项技术性很强的操作工序，必须熟悉家禽类原料的组织结构，才能保证取料正确，所取的原料完整不烂，以便于切配和原料的利用，提高原料的利用率，做到物尽其用。在西餐菜肴制作中，原料的分割是由菜肴的要求决定的。

虽然家禽类原料的种类较多，但它们的切割工艺基本相同。通常有以下两种情况：一种是整料分解切割工艺；另一种是整料剔骨出肉工艺。下面以鸡、鹅肝为例加以说明。

一、整鸡肢解、剔骨出肉加工的操作方法和技术要领

1. 整鸡分解切割方法

（1）先把鸡外表及腹内洗干净，切除鸡头和鸡颈。

（2）切除翅膀尖端。

（3）鸡背朝下，切下鸡腿部分（可用于制作“炸鸡块”“咖喱鸡”“炖鸡汤”等菜肴）。

（4）沿着胸骨将鸡胸肉取下，另一片鸡胸用相同方法取下（可用于制作“炒鸡丁”“鸡丝沙拉”等菜肴）。

（5）切下胸骨和背骨（可用于熬鸡汤）。

（6）将鸡腿由中间关节处切成两半。

（7）完成整鸡分八块的切割工艺。

2. 整鸡腿分解切割方法

（1）沿鸡腿骨走向，用刀将鸡腿肉切开（留 1.5 厘米长的末端），切断关节，摘除大腿骨，用刀背敲断小腿骨（末端留 1.5 ~ 2 厘米长），取出小腿骨，修整鸡骨，将末端小段重新插入，露出部分骨节。这种方法加工的鸡腿适合烤、煎等烹调方法。

（2）将鸡腿沿关节处切开即可，也可将去骨的鸡腿从中间切成两段。这种方法加工的鸡腿适合烩、炖等烹调方法。

（3）去掉大腿骨，用刀将小腿骨周围的肉剔开末端，留 1.5 厘米左右，使骨与肉分离，砍断小腿骨，保留 2 厘米左右的腿骨于末端，修整露出部分骨节。此方法加工的鸡腿可用于填馅。

整鸡腿分解过程如图 4–5 所示。

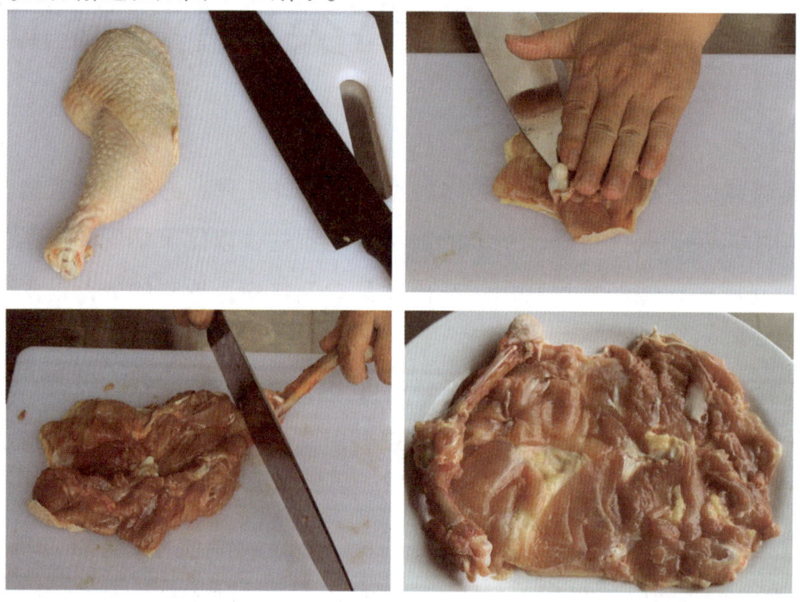

图 4–5　分解鸡腿

3. 整鸡翅分解切割方法

整鸡翅常用的分解切割方法有两种：

（1）顺鸡胸骨前端，沿胸骨将鸡肉与胸骨分离→切断胸骨与鸡翅的关节→取下一侧鸡胸翅→同样方法取下另一侧鸡胸翅→剁去鸡翅尖，将鸡胸翅切成两半。这种方法加工的鸡翅可用于烩、炖。

（2）如上方法取下鸡翅→剁去鸡翅尖→剔除部分连骨肉→剁去鸡翅骨，留 2 厘米左右的小节骨（方法同鸡腿）。这种鸡翅可做鸡排等。

4. 整鸡胸切割方法

（1）沿着鸡胸骨的走向进刀，摘除三叉骨。

（2）按照烹调要求剔除鸡翼，如果是制作“炸鸡排”或“煮黄油鸡卷”之类的菜肴，则留鸡翼大骨一节作骨把；如果用鸡胸肉切丝、片或制馅等，则要切下鸡翼，并剔下鸡翼上的肌肉。

（3）剔除多余的脂肪和鸡皮。

5. 整鸡脱骨工艺

（1）出颈骨

先划破颈皮，在颈根处将颈骨斜断，再沿鸡颈在两肩相夹处用刀尖划一条约 6 厘米长的刀口，然后把刀口处的颈皮翻开，将颈骨拉出，在靠近鸡头处将颈骨斜断，取出颈骨。

（2）去翅骨

从颈部刀口处将皮肉翻开，使鸡头下垂，然后连皮带骨慢慢往下翻。翻到翅骨的关节时，用刀将关节上的筋割断，使翅骨与鸡身脱离，先抽出桡骨和尺骨，然后再将翅骨抽出。

（3）去鸡胸骨

一只手拉住鸡颈骨，另一只手拉住鸡背部的皮肉轻轻向后翻剥。翻到脊部皮骨相连时，要用刀把皮骨割开；剥到腿部时，将两腿向背部掰开，使关节露出，再把筋割断，使腿骨脱离。翻到肛门处时，再把尾尖骨割断，鸡尾尖要保留。这时就可以取出骨架和内脏，再把肛门处的直肠割断，洗净污物。

（4）出鸡腿骨

将大腿骨的皮肉翻下，使腿骨关节外露，再用刀把四周的筋割断，然后把腿骨向外抽拉，至关节处用刀割下。再在近鸡爪处横割一刀，将皮肉向上翻，然后把小腿骨抽出斜断。

（5）翻转鸡皮

鸡的骨骼去净后，再将鸡皮翻转过来，使其在形态上仍然保持是一只完整的鸡。

整鸡脱骨过程如图 4-6 所示。

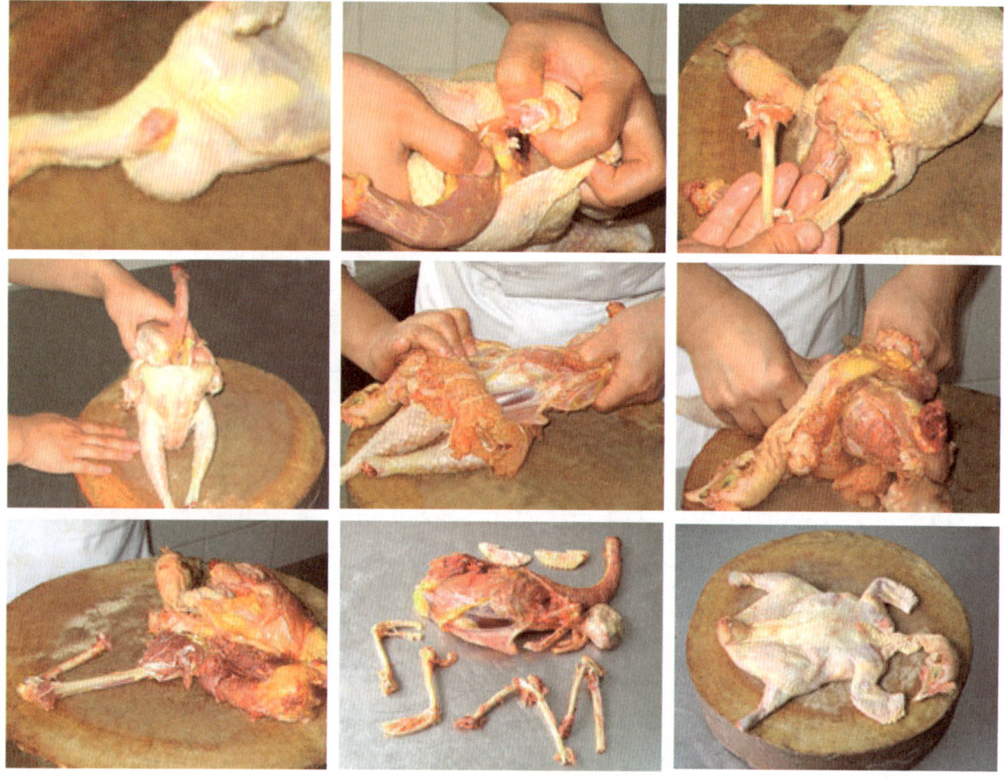

图 4-6 整鸡脱骨

在西餐烹调中，整鸡脱骨多用于制作填馅鸡。

6. 整鸡肢解剔骨出肉加工的技术要领

（1）熟悉家禽类原料的组织结构，做到准确下刀。家禽的肌肉之间往往有一层筋膜，对部位进行取料时，应根据肌肉结构分别取肉，保证不同部位原料的完整性。

（2）正确掌握取料的先后顺序。去骨、分档取料时，要根据鸡胴体结构及操作的方便性，分步骤开刀、去骨、取肉，保证不同部位的完整性。

（3）出骨取肉时，刀刃要紧贴骨骼，徐徐而进。这样的出骨操作既准确安全，又易使其骨肉分离，避免浪费。

（4）分档取料重复刀口要一致。出骨取料时刀刃与原料若有离刀，需要再次进刀时，一定要重复在上次的刀口上运行，这样出骨与取料后才不会出现杂乱的刀痕或在骨骼上留下过多的碎肉，从而保证原料的完整性。

二、鹅肝加工的操作方法和技术要领

鹅肝（Goose Liver）为鸭科动物鹅的肝脏（图 4-7），因其丰富的营养和特殊功效，成为补血养生的理想食品。鹅肝因法式西餐而闻名于世，欧洲人将鹅肝、鱼子酱、松露并称为“世界三大珍馐”。

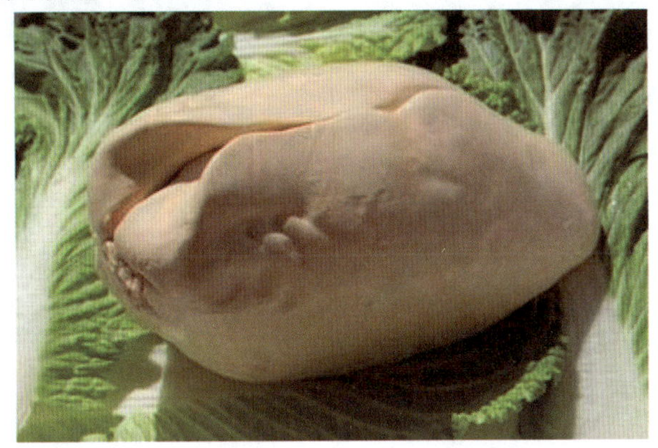

图 4-7 鹅肝

1. 鹅肝切割方法

（1）先将鹅肝放在室温中解冻，使其变柔软。从市场买来的鹅肝一般都是冷冻的，冻鹅肝很硬，不能用手将其掰成两半，也不能剔除其筋和血管，无法进行初加工。因此，必须先把鹅肝解冻，使其变柔软后才能加工。

（2）用手把鹅肝掰成大小两块。

（3）把鹅肝较圆的面朝上，用餐刀在鹅肝的中间位置纵向切开一个长切口，用两个拇指把该切口拉开。

（4）用手指查找鹅肝中的筋并将其拉出来。鹅肝中的筋从根到梢越来越细，很容易拉断，因此应先从筋的根部把筋拉出来，然后再用餐刀和手指一边摸索一边把筋挑出来，不能把筋拉断。在摘除大筋的同时，应注意摘除其分支的筋、血管和红色斑点。

2. 鹅肝切割的技术要领

（1）鹅肝预处理时，应先冲洗，除去血液、胆汁，并尽量去掉肝脏中的结缔组织。

（2）在切碎、斩拌过程中，应均匀、细致，必要时使用特殊设备将肝泥细腻化。

思考与练习

1. 请采用工艺流程图的形式描述家禽的加工过程。
2. 简述整鸡分解的初加工过程，并说明其各部位在西餐中的应用。
3. 普通鹅肝与肥鹅肝的加工是否相同？请简要说明其加工方法。

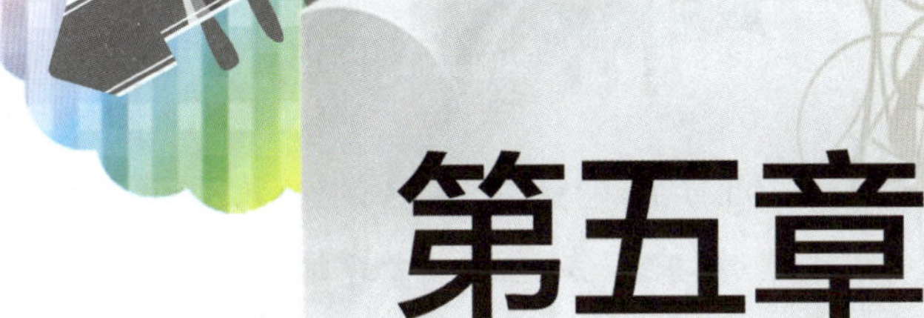

第五章

家畜类原料初加工

学习目标

1. 了解家畜类原料的初加工方法和技术要领
2. 掌握家畜类原料加工切割工艺

家畜类原料是人们日常生活中重要的食物来源，经过人们的驯养、培育、自然保护，加上历代厨师的辛勤总结、筛选，家畜类原料已形成一个庞大的原料分支，在西餐烹饪中占有非常重要的地位。家畜类原料中含有人体必需的多种营养物质，包括优良的动物蛋白、脂类、B族维生素和多种微量元素。家畜类原料在西餐烹饪中的运用极其广泛，可作为菜肴的主料，独立成菜，突显其独特的风味特色，也可作为菜肴配料，适合与多种蔬菜一起烹制，并适宜于多种烹调方法。由于家畜类原料的种类、品种、年龄及部位的不同，其肉质的老嫩程度有很大差异，因此在西餐烹饪中，应根据家畜的种类及其不同的部位、不同的肉质，采用不同的烹制方法，扬长避短，烹制出不同风味的菜肴。

家畜类原料（Livestock）主要指牛肉（Beef，包括小牛肉Veal）、羊肉（Mutton）和猪肉（Pork）。家畜类原料是西餐的主要原料之一，其中以牛肉的用量最大，其次是羊肉、小牛肉和猪肉。家畜类原料必须经过卫生部门检疫合格并盖有“检验合格”印章后才能用于烹调。

牛肉初加工

牛肉是指经过宰杀后的牛体去除皮毛、头、蹄、内脏所剩余的胴体部分，包括全部肌肉、骨骼、韧带、脂肪、血管、淋巴管、淋巴结、神经以及其他腺体组织，这些组织在牛肉中的数量和比例因牛的品种、性别、年龄、部位以及饲养情况等不同而略有差异，这些差异直接决定了牛肉的营养价值和食用价值，以及烹饪加工时对原料的选择。西餐烹调中所使用的牛肉主要包括肌肉组织、脂肪组织、骨骼组织和结缔组织，这四种组织在牛胴体中所占的比例大致是：肌肉组织占 50% ~ 60%，结缔组织占 9% ~ 14%，脂肪组织占 20% ~ 30%，骨骼组织占 15% ~ 22%。此外，同一牛胴体的不同部位或不同胴体的相同部位，在组成上不一定相同。

肉用牛是西餐烹饪中牛肉的主要来源。肉用牛的生长期一般在 2 ~ 3 年，这时的牛肌体饱满，肌肉紧实、细嫩，皮下脂肪和肌间脂肪较多，肉质最好，最适宜宰杀食用。宰杀时应根据其部位的划分进行分档取料，使其物尽其用。

西餐烹饪中对牛肉原料的选用是非常讲究的。目前已培育出很多优良的肉用牛品种，其中最具代表性的有海福特牛（Hereford）、安格斯牛（An-Gas）、夏洛莱牛（Charol-Aisl）、西门塔尔牛（Simmental）、利木辛牛（Limousin）等，这些肉用牛出肉率高、肉质鲜嫩、品质优良，现已被引入世界各地，广泛饲养。美国、澳大利亚、德国、新西兰、阿根廷等国均为牛肉生产大国。

一、牛肉的分档取料

牛肉的分档取料是指对已经宰杀的整个牛胴体，按照烹调的不同要求，根据其肌肉及骨骼组织的不同部位、不同质地，准确地进行分档切割的方法。

分档取料是一项技术性很强的操作工序，必须熟悉牛的组织结构，才能保证在取料过程中取料准确、取料完整不烂，便于切配及原料的利用，提高原料的利用率，做到物尽其用。

1. 分档取料的意义与基本要求

（1）分档取料的意义

1）根据菜肴的特点和烹调方法的不同，应选用牛不同部位的原料，才能体现烹调的特点，制作出符合要求的菜肴，从而保证菜肴的质量。

2）保证合理使用原料，做到物尽其用。

（2）分档取料的基本要求

1）熟悉牛的组织结构，做到准确下刀。质量有别的肌肉之间，往往有一层筋络隔膜，所以在各部位取料时，应准确下刀，按其筋络取肉，保证不同部位原料的完整性。

2）正确掌握取料的先后顺序。去骨、分档取料时，要根据胴体结构及操作的方便性，分步骤开刀、去骨、取肉，保证不同部位肉体的完整。

3）出骨取肉时，刀刃要紧贴骨骼，徐徐而进。这样才能做到出骨操作准确安全，骨肉分离合理，避免浪费。

4）取料时重复刀口要一致。出骨取料时刀刃与原料如有离刀，需再次进刀时，一定要重复在上次的刀口上运行，这样出骨后取料才不会出现杂乱的刀痕或在骨骼上留下过多的碎肉，从而保证原料的完整性。

2. 牛肉的分档取料

牛肉原料在西餐烹饪中是非常重要的烹饪原料。西餐厨房购进的牛肉原料大部分为剔过骨骼甚至速冻过的牛各个部位的肉，因此西餐厨房在对牛肉进行初加工时，主要是剔除牛肉各部位的筋膜、边角余料和主要骨骼，然后再切成丝、丁、块、片，或制肉扒、肉排等。牛的分档如图 5-1 所示。

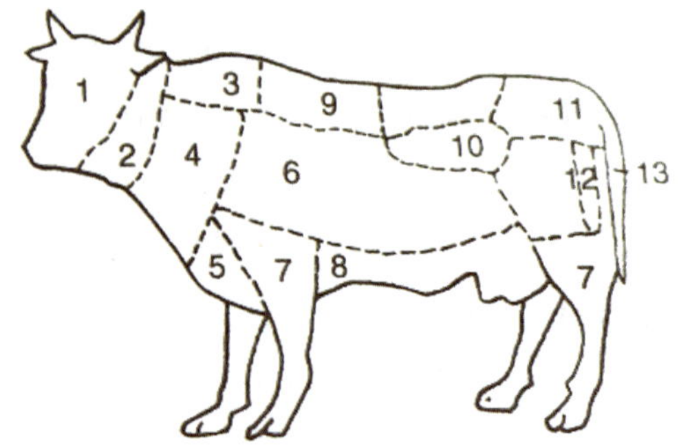

图 5-1　牛的分档示意图

1- 牛头　2- 颈肉　3- 上脑　4- 前夹　5- 胸口　6- 肋条　7- 腿腱　8- 牛腩　9- 扁肉　10- 牛柳　11- 三叉　12- 黄瓜条（米龙）　13- 牛尾

牛各分档部位的特征及烹饪用途见表 5-1。

表 5-1　　牛各分档部位的特征及烹饪用途

部位	部位描述	特征	烹饪用途
牛头	牛头是从宰杀刀口至头顶骨处的部位	皮、骨、筋较多，肉较少	适宜酱制、卤制或凉拌等烹调方法
颈肉	颈肉即牛脖颈肉，又称血脖、槽头肉、脖扣等，颈肉在牛头与夹心肉之间的部位	肉丝呈横竖状，肉质较差	适宜红烧、炖、制馅等烹调方法
上脑	上脑在牛的背部前端，宽且厚，是一条长方形的肌肉。短脑是上脑前部靠近肩胛骨之上的一块较短且稍呈方形的肌肉。有时两块肌肉连在一起统称为上脑	上脑部位的肌肉纤维平直细嫩，肉丝里含有微薄且均匀的脂肪，断面呈现出大理石般的花纹，肉质酥松而富有弹力，肉质肥嫩	可切成丝、丁、片、条、块等，适宜烤、炒、烧、熘、涮等烹调方法
前夹	前夹又称牛肩肉，包裹着肩胛骨，也习惯称其为梅子头，相邻的一块纹细无筋的肉叫梅心	前夹上有一块双层方片形肌肉，体厚、纤维细、无筋，质地较好	适宜酱、卤、焖、炖等烹调方法
胸口	胸口肉在两腿中间	脂肪多、肉质粗	适宜熘、炖、烧等烹调方法
肋条	肋条位于胸部肋骨处	肋条肉中有许多筋膜和脂肪	适宜炖、烧等烹调方法
腿腱	腿腱指牛的四条腿肉，主要包括胸升肌、胸横肌、三角肌等	筋膜大、脂肪少、肉质粗	适宜酱、卤、炖、烧等烹调方法 适宜制馅、清炖、
牛腩	牛腩位于牛的腹部，俗称弓口、灶口、奶脯	肉层较薄，筋膜相间，韧性较强	红烧等烹调方法
扁肉	扁肉是覆盖牛腰椎的扁长形肌肉，又名扁担肉	扁肉纤维细长，质地紧密，弹性良好，没有筋膜和脂肪杂生其间，是一块质地细嫩的纯瘦肉	适宜熘、炒、烧、扒等烹调方法

续表

部位	部位描述	特征	烹饪用途
牛柳	牛柳又称牛里脊，是切割自牛背部的一块柔嫩瘦肉	牛柳是牛肉中最为细嫩的肉，用手就可以撕碎	适宜汆、爆、炒、熘等烹调方法
三叉	三叉位于牛的尾根部，前接外脊，即臀股二头肌	三叉的肉质细嫩酥松	适宜熘、炒、文火焖烧等烹调方法
黄瓜条	黄瓜条肌肉纤维紧密，弹性良好，没有脂肪包裹，也没有筋膜间生，是选取瘦肉的主要部位。后腿肌肉很多在销售时，都按自然形成的部位顺着间隔的薄膜进行分割	黄瓜条肉质较细嫩，肌纤维较长，无筋，瘦肉多，脂肪少	适宜熘、爆、炒、烫等烹调方法
牛尾	牛尾指从尾根部至尾末端	牛尾骨节多、瘦肉少、肉肥美、皮多，含胶原蛋白质丰富	适宜炖汤、焖、煲等烹调方法

二、牛肉的分档细加工

牛肉是西餐中最主要的肉类原料之一，应用极其广泛。因此，西餐对牛肉原料的选料相当考究，牛肉的分档细分及初加工也相对较复杂。

1. 前肩部

前肩部（Chuck）是指牛颈部后第一根肋骨至第五根肋骨之间的部分（图 5-2），主要是由上脑 / 肩胛（Shoulder Blade）（红框中②）和前腿的上部（上臂 Arm）（红框中③）两部分及部分颈部（红框中①）和肋部部分（红框中④）构成。

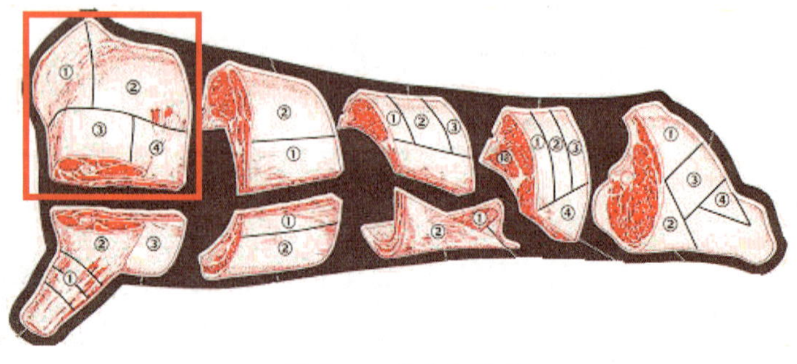

图 5-2 前肩部位图

前肩部位可分档出前肩肉眼 / 牛排（Chuck Eye Roast /Steak ）。前肩肉眼 / 牛排主要是（第一至第五根）肋骨之间及肋骨肉眼（第六至第十二根）（图 5-2 中绿框部分）的延续，由于脊肉部分较少，肉质不如肋骨肉眼牛排鲜嫩，如图 5-3 所示。

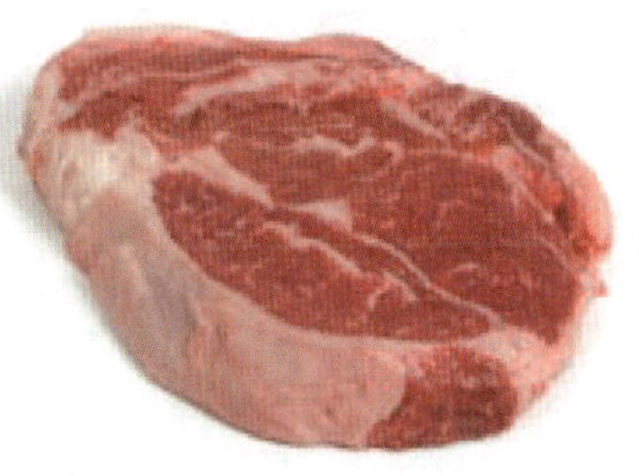

图 5-3　前肩肉眼 / 牛排

前肩部的肉可以细加工成以下几个种类：

（1）肩胛 / 牛排

肩胛 / 牛排（Shoulder Blade Roast/ Steak）又可分为肩胛上部和肩胛下部两块肌肉，如图 5-4 所示。

肩胛上部的一块肌肉

肩胛下部的一块肌肉

图 5-4　肩胛 / 牛排

（2）7- 骨肩胛 / 牛排

7- 骨肩胛 / 牛排（Chuck 7-Bone Roast/Steak）是一块带有交叉脊骨的肉，由于骨头的交叉形状似“7”，故称为 7- 骨肩胛，如图 5-5 所示。

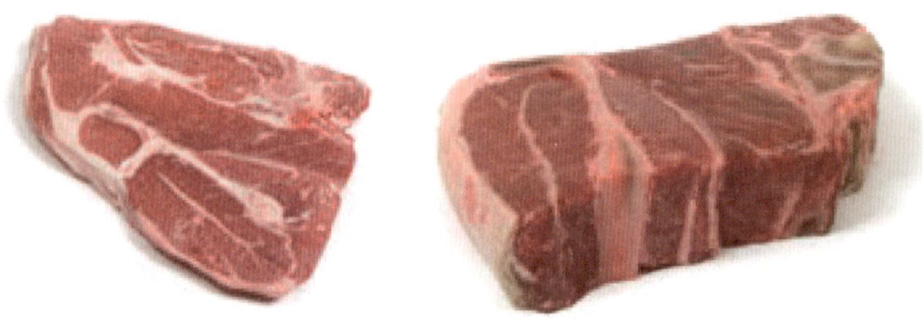

图 5-5　7- 骨肩胛 / 牛排

（3）角尖牛排

角尖牛排（Arm Steak）也称瑞士牛排（Swiss Steak），是用牛前腿的上臂前端加工成的牛排，中间有形似“Y”的软骨，如图 5-6 所示。

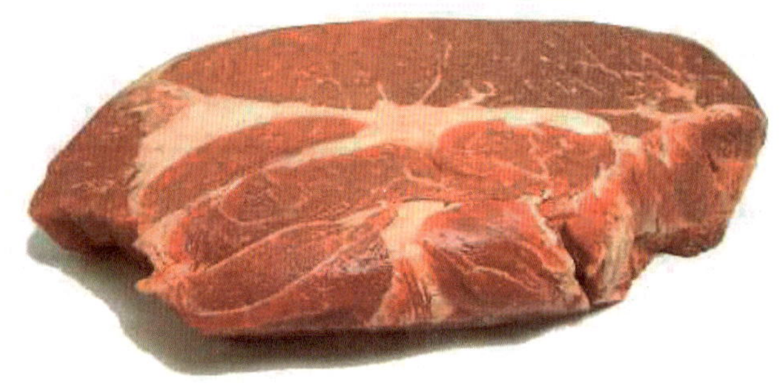

图 5-6　角尖牛排

（4）肋骨肉卷

肋骨肉卷（Cross-Rib Roast）是用肋骨部的第三至第五根肋骨之间的肉加工卷制而成的，如图 5-7 所示。

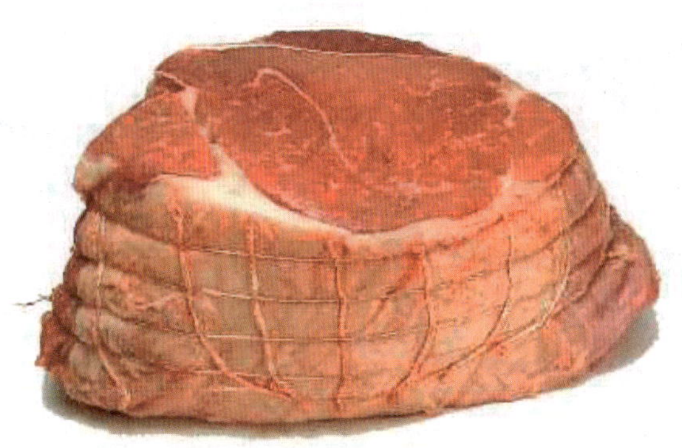

图 5-7 肋骨肉卷

（5）带骨肋骨肉排 / 肋骨牛排

带骨肋骨肉排 / 肋骨牛排（Rib Roast/Rib Steak）是由肋背部第六至第十二根肋骨之间的脊肉、肋骨和周边的肌肉组织及脂肪构成的“带骨”牛排，整块肋骨肉排共有 7 根肋骨，其肉质鲜嫩，如图 5-8 所示，适宜烤制。烤制时，可根据情况，加工切成带 2 ~ 4 根肋骨的块。

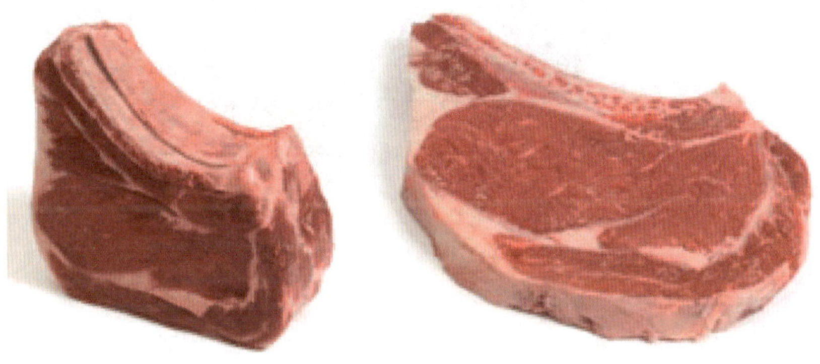

图 5-8 带骨肋骨肉排

2. 短腰脊部

短腰脊部（Short Loin）主要是指从第十三根肋骨到腰脊的前半部，如图 5-9 所示中红框部位。短腰脊部的肉纤维较粗，但肉质鲜嫩，非常适宜烤、铁扒、煎等烹调方法。

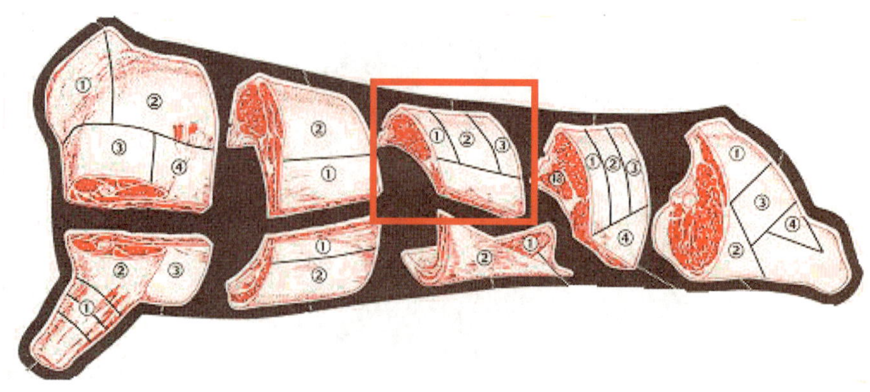

图 5-9 短腰脊部位图

短腰脊部的肉可以细加工成以下种类：

（1）整块短腰脊肉

整块短腰脊肉（Top Loin Roast）是由图 5-9 红框中①②③三个部位的脊肉去骨加工而成，如图 5-10 所示。

图 5-10 整块短腰脊肉

（2）腰脊牛排

腰脊牛排（Top Loin Steak）是将短腰脊肉加工成的肉片，如图 5-11 所示。

图 5-11 腰脊牛排

（3）带骨腰脊牛排

带骨腰脊牛排（Bone-In Top Loin Steak）是指图 5-9 红框中①②③三部分的脊肉连带部分脊骨加工成的厚片，如图 5-12 所示。

图 5-12 带骨腰脊牛排

（4）美式 T 骨牛排

美式 T 骨牛排（Porterhouse Steak）又称巴德浩斯牛排，是由牛脊背的短腰部（图 5-9 红框中③处）加工而成，是一块由脊肉、脊骨和里脊肉构成的大块牛排，一般厚 3 厘米左右，重约 450 克，如图 5-13 所示。

图 5-13 美式 T 骨牛排

（5）T- 骨牛排

T- 骨牛排（T-Bone Steak）形状与美式 T 骨牛排相同，是由牛脊背的短腰脊部（图 5-9 红框中②处）的肉加工而成。T- 骨牛排可分带里脊肉和不带里脊肉两种，一般不带里脊肉。T- 骨牛排（不带里脊肉）较美式 T 骨牛排小些，一般厚 2 厘米左右，重约 300 克，如图 5-14 所示。

T-骨牛排（不带里脊肉）

T-骨牛排（带里脊肉）

图 5-14 T-骨牛排

3. 牛里脊

牛里脊（Tenderloin/Beef Fillet）又称牛柳、牛腓脷，位于牛腰部内侧，从第十三根肋骨处，由细到粗一直延伸到盆骨，左右各有一条，是牛肉中肉质最鲜嫩的部位，如图 5-15 中红色部分所示。

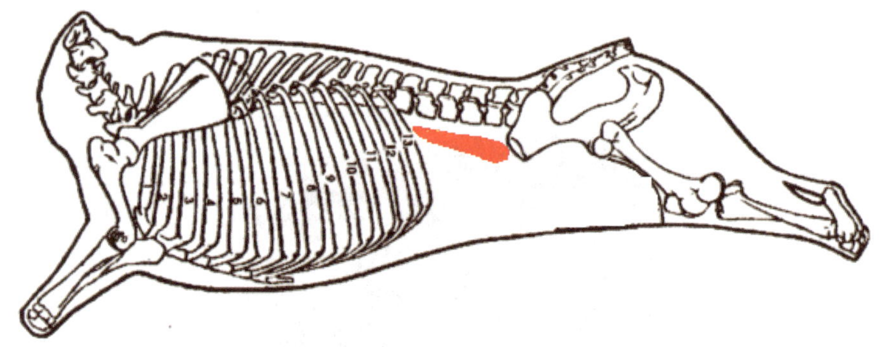

图 5-15 牛里脊部位图

整条牛里脊（Long Fillet）从头至尾大致可分为四段，如图 5-16 所示，其中里脊中段（第 2 段、第 3 段）肉质最鲜嫩，形状也最为整齐。

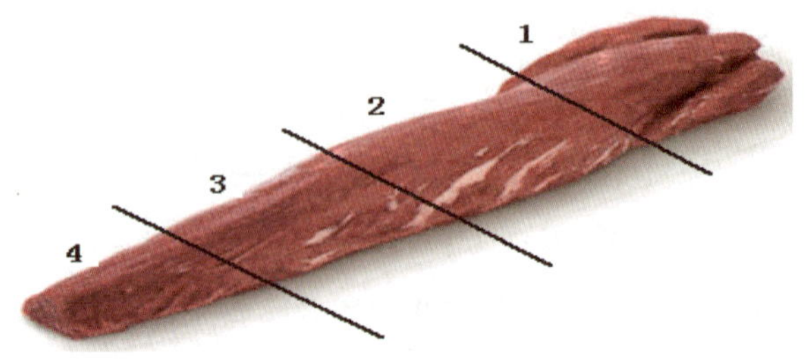

图 5-16 整条牛里脊

整条牛里脊还可以加工成以下种类：

（1）腓脷米云

腓脷米云(Fillet Mignon)也称小件腓脷牛排，是由整条牛里脊细小的尾段(第4段)剔去筋膜及多余的脂肪加工而成。加工时将整条牛里脊细小的尾段切成厚2 ~ 4厘米、重约100克的块即可，如图5-17所示。

图5-17 腓脷米云

（2）当内陀斯腓脷牛排

当内陀斯腓脷牛排(Tournedos)由整条牛里脊的第3段加工而成，如图5-18所示。

图5-18 当内陀斯腓脷牛排

（3）腓脷牛排

腓脷牛排（Fillet Steak）是用牛里脊中肉质最嫩、粗细最均匀的第 2 段加工而成，又称听特浪牛排（Tenderloin Steak）。加工时将整条里脊肉的第 2 段剔去筋络及多余的脂肪，切成厚 1.5 ~ 2 厘米、重 100 ~ 150 克的块即可，如图 5-19 所示。

图 5-19　腓脷牛排

（4）莎桃布翁腓脷牛排

莎桃布翁腓脷牛排（Chateaubriand）是指将整条牛里脊切去头、尾（第 1 段、第 4 段）两段，保留中间两段里脊肉的大型牛排，如图 5-20 所示。可整段切成大块烤制，也可切成厚片用于煎、扒等烹调方法。

图 5-20　莎桃布翁腓脷牛排

（5）比菲迪克腓脷牛排

比菲迪克腓脷牛排（Bifteck）又称薄片牛排（Minute Steak），是将里脊肉的第 1 段剔去筋络及多余的脂肪，再将其切成薄片而成，如图 5-21 所示。

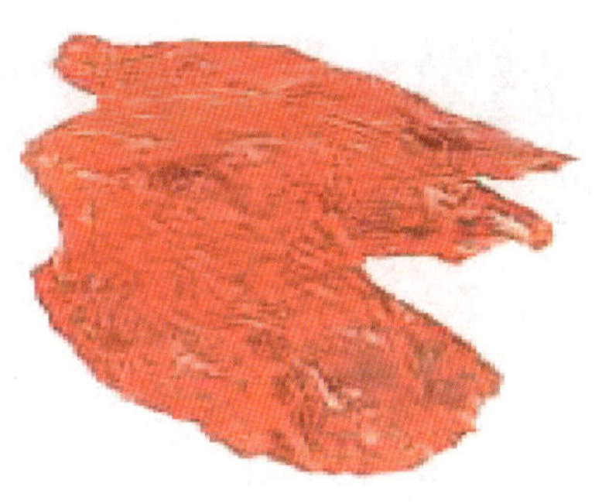

图 5-21 比菲迪克腓脷牛排

4. 上腰部

上腰部（Sirloin）位于短腰和黄瓜条（米龙 Rump）之间，此部位的脊肉较短腰部脊肉要粗，但肉质鲜嫩，仅次于里脊肉，如图 5-22 所示红框部分，适宜烤、铁扒、煎等烹调方法。

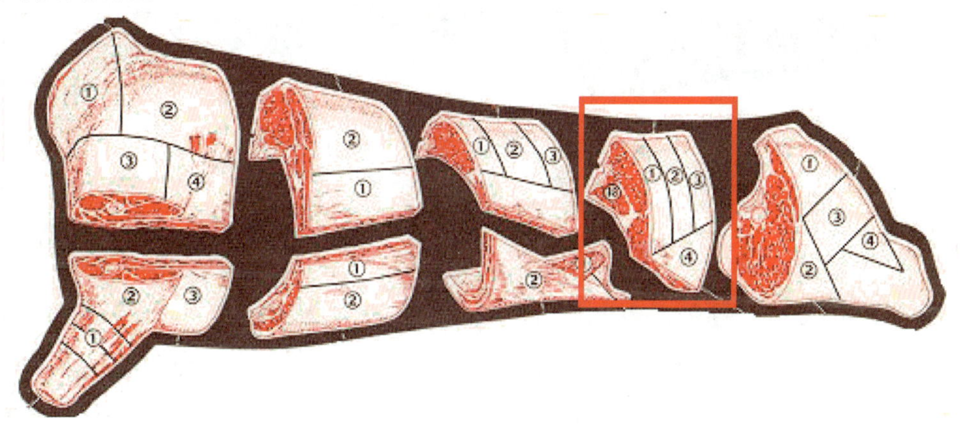

图 5-22 上腰部位图

上腰部位的脊肉可加工成以下种类：

（1）西冷牛排

西冷牛排（Sirloin Steak）也称沙朗牛排，是由上腰部（图 5-22 红框中①②③部分）的去骨脊肉加工而成，如图 5-23 所示。

图 5-23 西冷牛排

（2）三角状肉排 / 牛排

三角状肉排 / 牛排（Tri-Tip Roast/ Steak）是用牛上腰部下面与脊肉相连的腰窝处的一块三角形肌肉组织（图 5-22 红框中④部分）加工而成，如图 5-24 所示。

图 5-24 三角状肉排 / 牛排

5. 后臀部

后臀部（Round）主要是由米龙（Rump，图 5-25 红框中①部分）、里仔盖（Top Round/Top Side，图 5-25 红框中③部分）、仔盖（Bottom Round/Silver Side，也称银边，图 5-25 红框中④部分）和部分腰窝（Thick Flank，图 5-25 红框中②部分）四部分构成，如图 5-25 所示。

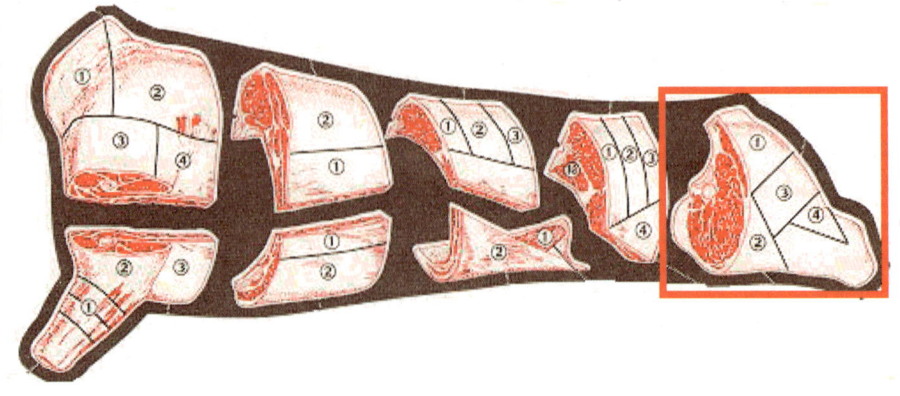

图 5-25 后臀部位图

后臀部位可细加工成以下种类：

（1）整块米龙

将米龙去骨，剔除表面的筋膜即成整块米龙（Rump Roast），如图 5-26 所示。

图 5-26 整块米龙

（2）整块银边

银边（Silver Side）又称仔盖，是位于牛后腿上部，露在外面的一块肌肉组织（图 5-25 红框中④部分），如图 5-27 所示。

图 5-27 整块银边

（3）瑞士牛排

将银边后臀加工切成片即成银边牛排（Silver Side Steak），也称瑞士牛排（Swiss Steak），如图 5-28 所示。

图 5-28 瑞士牛排

（4）整块后臀眼肉

后臀眼肉（Eye Round Roast）是指将银边一侧的另一块肌肉组织剔除，只留下形似“眼睛”的一块肌肉，如图 5-29 所示。

图 5-29　后臀眼肉

（5）臀眼肉牛排

臀眼肉牛排（Eye Round Steak）是指将后臀眼肉加工切成的片，如图 5-30 所示。

图 5-30　臀眼肉牛排

（6）整块里仔盖

里仔盖（Top Round）又称和尚头，是牛后腿上部靠里面的一块肌肉组织（图 5-25 红框中③部分）。将里仔盖表面的筋膜剔除即是整块里仔盖（Top Round Roast），如图 5-31 所示。

图 5-31 整块里仔盖

（7）里仔盖牛排

将整块里仔盖加工切成较厚的片即成里仔盖牛排（Top Round Steak），如图5-32所示，一般也简称为后臀牛排（Round Steak）。

图 5-32 里仔盖牛排

（8）整块三角状肉排 / 牛排

整块三角状肉排 / 牛排（Tip Roast/ Steak）是由腰窝处的一块三角形肌肉组织（图5-25 红框中②部分）加工而成的，如图 5-33 所示。

图 5-33 整块三角状肉排 / 牛排

6. 牛胸口和前腱子

牛胸口（Brisket）和前腱子（Fore Shank）位于前腿和硬肋之间，如图 5-34 所示中红框部分，其肉质肥瘦相间，筋也较少，但肉质较坚韧，一般适宜煮、焖等烹调方法。

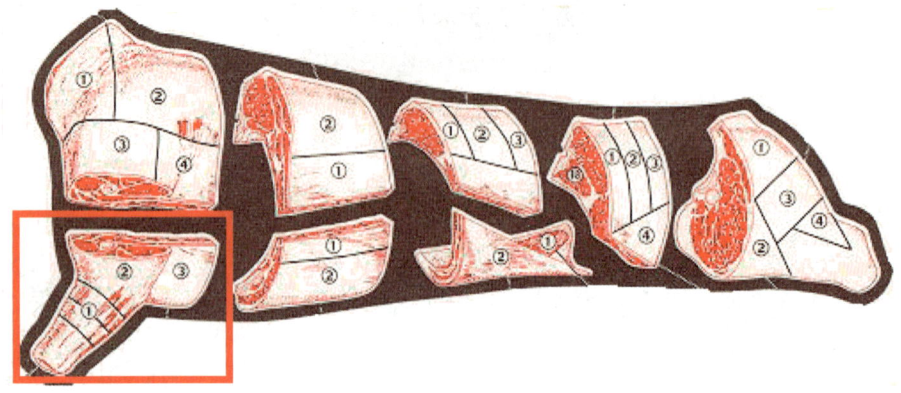

图 5-34　牛胸口和前腱子

牛胸口和前腱子可细加工成以下种类：

（1）牛胸口、前腱子

牛胸口（Brisket，图 5-34 红框中③）部位的肉比较平展，但较薄，适宜加工成薄片；前腱子（Fore Shank，图 5-34 红框中②）部位的肉较厚且脂肪较多，适宜加工成大块，如图 5-35 所示。

牛胸口　　前腱子

图 5-35　牛胸口和前腱子

（2）牛腱子段 / 牛膝

将前腱子（Fore Shank）牛膝关节处（图 5-34 红框中①）切成段即成牛腱子段 / 牛膝（Cross Cut Shanks/Shank Knuckle），如图 5-36 所示。

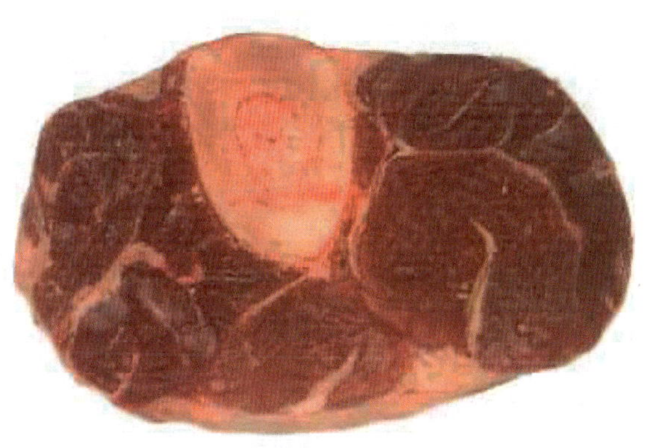

图 5-36　牛腱子段 / 牛膝

7. 硬肋

硬肋（Plate）又称短肋（Short Plate），指第六至第十二根肋骨的下半部分，其肉质肥瘦相间，适宜制作香肠、培根等，如图 5-37 所示中红框部分。

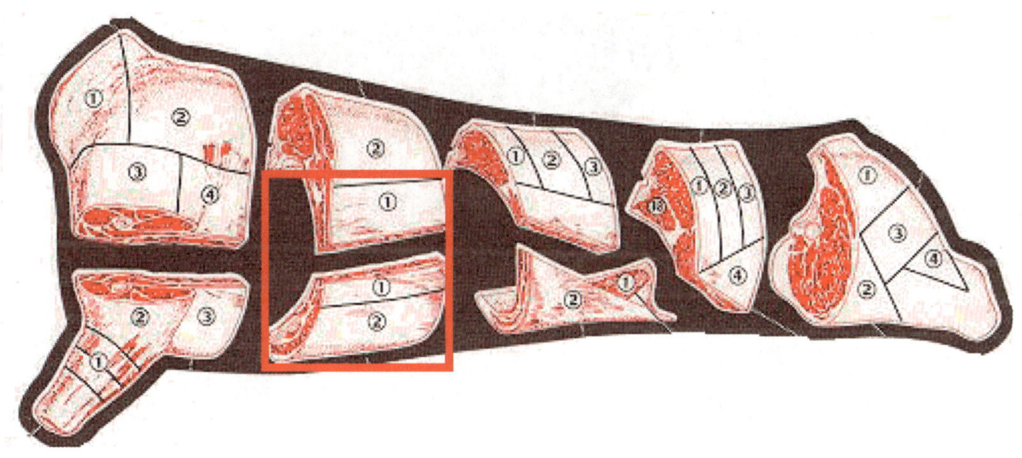

图 5-37　硬肋部位图

硬肋部位细加工：

（1）硬肋肋骨

硬肋肋骨（Short Ribs）是将硬肋处的肋骨切成的段，如图 5-38 所示。

图 5-38　硬肋肋骨

（2）硬肋牛排

硬肋牛排（Skirt Steak）是由硬肋部位（图 5-37 红框中①②）的肉剔除肋骨后加工而成，如图 5-39 所示。

图 5-39　硬肋牛排

（3）硬肋牛肉块

将硬肋部位的肉切成块即成硬肋牛肉块（图 5-40），适宜制作烩牛肉（Stew Meat）。

图 5-40　硬肋牛肉块

8. 牛腩

牛腩（Thin Flank）又称作薄腹，其部位如图 5-41 中红框部分所示，肉层较薄，有白筋，适宜烩、煮及制香肠等。

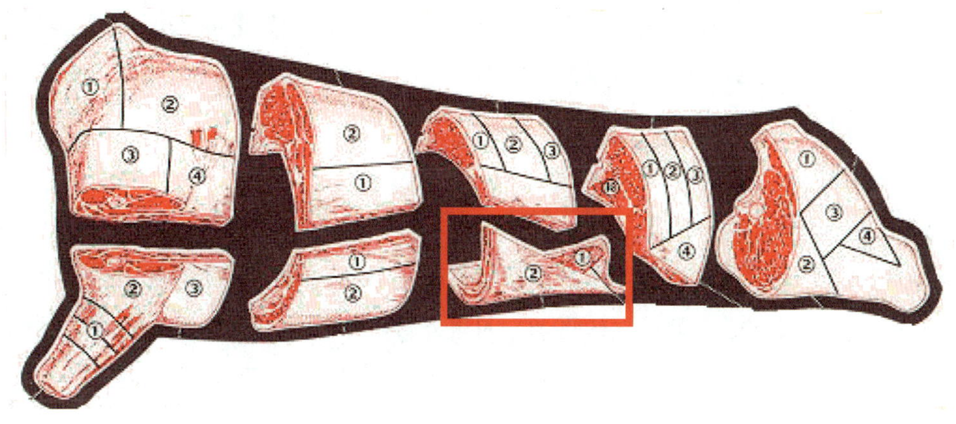

图 5-41 牛腩部位图

三、牛里脊、牛臀肉的初加工方法及技术要领

1. 肉片、肉丝、肉丁的切割方法

（1）切肉片

一般将肉切成长 5 ~ 6 厘米、宽 5 厘米、厚 0.2 ~ 0.3 厘米的大片即可，选用的部位一般是里脊、外脊等肉质细嫩的部分。加工里脊肉片时，先把与里脊肉侧面粘连的条状肉剔除掉，再剔除里脊肉表面粘连的筋，剔除时，用刀尖挑起筋，顺着刀口方向拉起筋，并使刀锋略微上扬，才能顺利地将筋剔除；之后，直刀将里脊肉切成 0.2 ~ 0.3 厘米厚的片即可。要求肉片厚薄均匀，大小一致，整齐划一。

（2）切肉丝

肉丝的规格一般为长 7 ~ 8 厘米、0.3 ~ 0.4 厘米见方，应选用肉质细嫩的里脊肉。加工里脊肉丝时，先把里脊肉侧面粘连的条状肉剔除掉，再剔除里脊肉表面粘连的筋剔除时，用刀尖挑起筋，顺着刀口方向拉起筋，并使刀锋略微上扬，以顺利地剔除筋；之后，直刀先切成厚 0.3 ~ 0.4 厘米的片，然后将肉片叠起，顺着肉纤维方向，再直刀切成 0.3 ~ 0.4 厘米见方的肉丝即可。要求肉丝粗细均匀、整齐。

（3）切肉丁

牛肉丁主要用于串烧类菜肴，有 1.5 厘米和 2 厘米见方的丁两种规格。例如，加工牛脊肉丁时，先用刀顺着脊骨将肉与骨切开，切开时注意不要使脊骨上粘连碎肉；然后顺着脊骨，用刀来回拉切几次，同时把切开的肉向外压，使其与脊骨分离；之后，再顺着肋骨进刀，用左手向外压着脊肉，剔下肋骨，同时用刀尖仔细剥下多余的肉。在脊肉与周围多余的肉之间，有一层薄膜和脂肪，应先将其切开后，才能顺利把脊肉剥离出来。剔除脊肉两旁的碎肉，再剔除其表面的筋和脂肪，用直刀先将脊肉切成2厘米厚的片，然后将肉片叠起，顺着肉纤维方向，再直刀切成2厘米见方的肉条，最后将肉条切成2厘米见方的丁即成，要求肉丁大小、形状整齐划一。

2. 牛扒、牛排的切割方法

（1）牛扒

加工牛扒一般选用牛里脊和牛外脊部位的肉。牛扒为厚圆形饼状，一般采用切和拍两种刀法加工而成。加工时，先将里脊和外脊去筋、去油及不用的头尾；然后把肉放在砧板上，直刀切成厚2 ~ 3.5厘米（因里外脊部位不同）的肉块，再将肉的横断面朝上，用手按平，用刀轻拍成厚1.5厘米左右的肉饼形；最后用刀将肉的四周收拢、修整齐即成。此方法为加工牛扒的常用方法。

此外，还有一种特殊的牛扒加工方法：将肥嫩的牛外脊去骨、筋，用线绳每隔2厘米捆一次，依次捆好；将捆好的牛肉放入180 ~ 220℃的烤箱中，烤至客人要求的成熟度；取出，控去油、血水，去掉线绳，用推拉刀法切成0.7 ~ 1厘米厚的肉扒即成。

（2）牛排

牛排是指牛的脊背部，通常带骨（有的地方将不带骨的也称为排）。加工牛排的一般方法是：将牛的脊背部从中锯开，分成左右两半，取其中一半，沿脊骨的走向，用刀将脊骨与肉分离，用剪刀或锯子把脊骨剪（锯）断，使之与肋骨分离，距离肋骨前缘3 ~ 5厘米处，用刀剔除肋骨前的连接部分，使肋骨充分露出，剔净残肉，使肋骨光洁即成。另一半的加工方法相同。加工好的牛排可整烤，也可在两肋骨间切开使用。

四、牛尾和牛舌的初加工方法

1. 牛尾的初加工

牛尾的一头比拳头还粗，另一头像食指一般细，其上的肉由厚到薄，外面有一层筋膜，肉里布满毛细血管般的脂肪和筋质，这些脂肪和筋质可调节牛尾上干柴似的瘦肉，使其松软、滑嫩。新鲜的牛尾肉质红润，脂肪和筋质雪白。以牛尾为主的经典菜肴有“牛尾汤”“红烩牛尾”等。牛尾的初加工方法：

（1）剔除牛尾表面的粗筋和脂肪块。

（2）用手指摁压住牛尾，找到尾骨连接的关节，用刀逐节切开关节（图5-42）。

（3）把切好的牛尾置于冷水锅中，与冷水同时加热，煮沸焯烫，以去除其腥味，捞出洗净备用即可。

图 5-42　加工牛尾

2. 牛舌的初加工

牛舌为牛科动物(如黄牛或水牛)的舌头，由于经常运动，牛舌中布满细细的脂肪，肉质细腻，松软润滑。欧洲人喜欢吃牛舌，常用熏、腌、烩、炖等方法烹制，甚至有罐装品出售。牛舌的初加工方法：

(1) 用硬毛刷仔细刷洗牛舌表面，把污物清理干净，用盐水把牛舌根部的血块清洗干净，捞出。

(2) 用力剔除牛舌上的筋络和多余的脂肪。

(3) 把牛舌置于冷水锅中，随冷水一同加热煮沸，煮沸的时间约 1 个小时，在沸腾前后随时清除浮沫。

(4) 把煮好的牛舌捞出，趁热从舌根开始到舌尖，把粗糙的牛舌表皮剥除干净即可。

羊肉初加工

在西餐烹调中，羊肉的应用仅次于牛肉。羊的种类很多，主要有绵羊、山羊和肉用羊，其中以肉用羊的肉质最佳。肉用羊大都由绵羊培育而成，其体型大、生长发育快、产肉率高，肉质细嫩、肌间脂肪多、切面呈大理石花纹，肉用价值高于其他品种，其中较著名的品种有无角多赛特、萨福克、德克塞尔及德国美利奴、夏洛莱等。澳大利亚、新西兰是世界主要的肉用羊生产国。

一、羊肉的分档取料

羊在西餐烹调中有羔羊（Lamb）和成年羊（Mutton）之分。羔羊是指生长期在三个月至六个月的羊，其中没有吃过草的羔羊又被称为乳羊（Milk Feed Lamb）；成年羊是指生长期在一年以上的羊。西餐烹调中主要以使用羔羊肉为主，常用于煲、炖、焖、扒、烤、烧、蒸、滚等烹调方法，常见的菜式有“土耳其烤羊腿”“法式七骨羊扒”“特色羊肉串”等。

图 5-43 所示为羊的分档示意图。

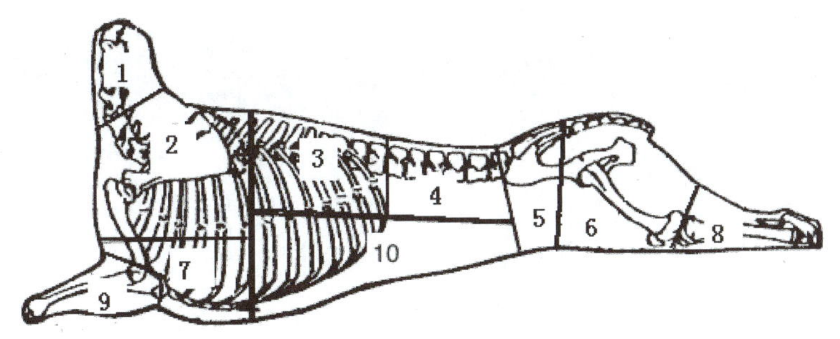

图 5-43 羊的分档示意图

1- 颈部 2- 前肩 3- 肋背部 4- 腰脊部 5- 上腰 6- 后腿
7- 胸口 8- 后腱子 9- 前腱子 10- 肋腹部

羊各分档部位的特征及烹调用途见表 5-2。

表 5-2 羊各分档部位的特征及烹饪用途

部位	特征	烹调用途
颈部（Neck）	肉质较老，夹有细筋	适宜酱、卤、炖、烩等烹调方法
前肩（Shoulder）	位于胸口的上部	适宜炸、烩、煮、炖等烹调方法
肋背部（Rib/Best End）	又叫排骨肉，是背上带骨的肉	适宜带骨烧、烤或切成片煎、烤等烹调方法
腰脊部（Loin/Saddle）	包括马鞍肉（Saddle/Rack）、外脊肉和里脊肉。外脊肉长如扁担，肉多细嫩；里脊肉位于脊骨内侧，纤维细长，是羊身上最嫩的肉，外有筋膜包住，去膜后用途很广	常整条烧烤或切成块烧烤、制作羊扒等
上腰（Sirloin/Chump）	质地细嫩	常用于烧烤
后腿（Leg）	后腿包括大三叉、磨裆肉、黄瓜条、坐臀。大三叉位于臀尖处，肥瘦各半，肉质较嫩，可代替里脊使用；磨裆肉位于两腿裆部相磨处，形如碗状，肌纤维纵横不一，肉质较粗松；黄瓜条与磨裆肉相连，呈长条形，肉质细嫩，可烹制多种菜肴；坐臀又称“坐板”，是位于后腿紧贴肉皮的一块呈梯形的肉，前后薄、中间厚，全部为瘦肉，肉质稍老，肌纤维较长	适宜烤、炸、涮等烹调方法

续表

部位	特征	烹调用途
胸口（Brisket）	肉质较脆	常用于烩制菜肴
后腱子（Hind Shank）	位于羊的后膝下部、蹄的上部，肉紧凑，但肉质较老、筋腱较多	适宜酱、煮、烧等烹调方法
前腱子（Fore Shank）	位于羊的前膝下部、前羊蹄上部，肉质较老	常用于酱、炖、煨、煮汤或烩制菜肴
肋腹部（Plate）	肉质较软	适宜烩、煮、炖等烹调方法

二、羊脊肉、羊排、羊腿的加工方法与技术要领

羊肉原料的初加工工艺与牛肉原料基本相同，但由于羊的体积较小，根据烹调要求，有的部分在烧烤时可以不剔骨，以保持其肉质鲜嫩。羊肉原料的加工主要有羊脊肉的加工、羊排的加工和羊腿的加工。

1. 羊脊肉的加工

羊脊肉的加工流程：

（1）找到肋骨终了的部位，顺着脊骨将羊肉切成两半，即分成脊部马鞍肉。

（2）出马鞍肉。顺着脊骨走向，用刀把脊骨剔下来，剔时应把脊骨上的残留碎肉清理干净。在脊肉和多余不要的肉之间，有一层薄膜和脂肪，用刀尖将其剥离，把脊肉剥取出来，然后再仔细剔除脊肉表面的筋和脂肪。

（3）用同样的方法剥取背部的脊肉。

（4）按菜肴的要求可加工成各种羊肉块、羊肉片等。

2. 羊排的加工

（1）羊排的加工流程

1）用刀尖切开外膜的一端，一手拉着切开的外膜端部，用刀将其外侧和内侧的薄膜剔除掉。

2）在脂肪与肉之间有一块半月形的软骨，用刀将其剔除掉。

3）用刀尖沿肋骨在前缘 3 厘米处，纵向继续把肋骨间的肉划开。

4）顺着各处肋骨，用刀尖把肋骨和肉剔开。

5）把肋骨前缘的肉剥除下来，剔下脊骨，再剔除硬筋。

6）加工好的羊排可整烤，也可在两肋骨间切开使用。

（2）羊排加工品种细分

加工好的羊排可做进一步细加工，加工成以下品种：

1）肋背部羊排 /7 肋羊排（Rack of Lamb/6 ~ 7 Rib Bone），包括脊肉、六至七根肋骨及其他脂肪和肌肉组织等，如图 5-44 所示。肋背部羊排 /7 肋羊排适宜烧烤。

图 5-44　肋背部羊排 / 7 肋羊排

2）法式肋背部羊排 /7 肋羊排（French-Style Rack of Lamb/6 ~ 7 Rib Bone）是将肋背部羊排肋骨之间的肉剔除，使其露出部分净肋骨，如图 5-45 所示。

图 5-45　法式肋背部羊排 / 7 肋羊排

3）皇冠羊排（Crown Roast）由两条肋骨羊排捆扎而成，如图 5-46 所示。

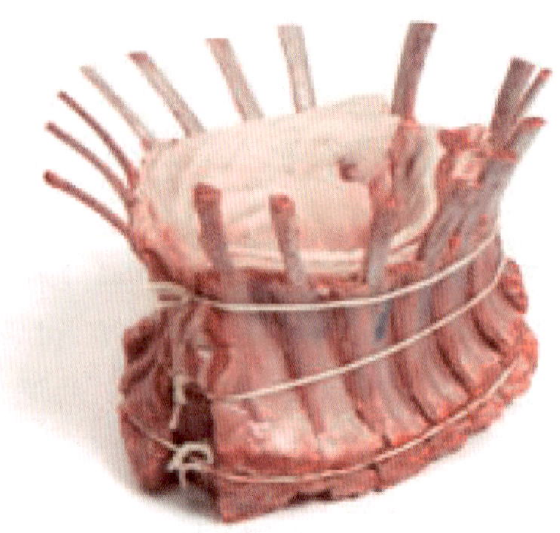

图 5-46 皇冠羊排

4）肋骨羊排 / 格利羊排（Rib Chop/Cutlets）是将 7 肋羊排顺肋骨切开而成，如图 5-47 所示，主要用于煎制。

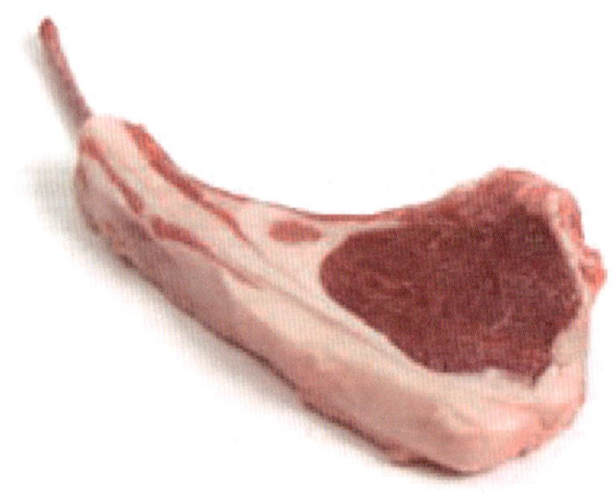

图 5-47 肋骨羊排 / 格利羊排

5）其他羊排品种还有带骨脊肉羊排（Loin Chop）、香榧羊排（Noisette）、带上腰羊马鞍（Saddle of Lamb Chump On）、羊马鞍（Saddle of Lamb Chump Off）、马鞍羊排（Saddle Chop）等，如图 5-48 所示。

带骨脊肉羊排

香榧羊排

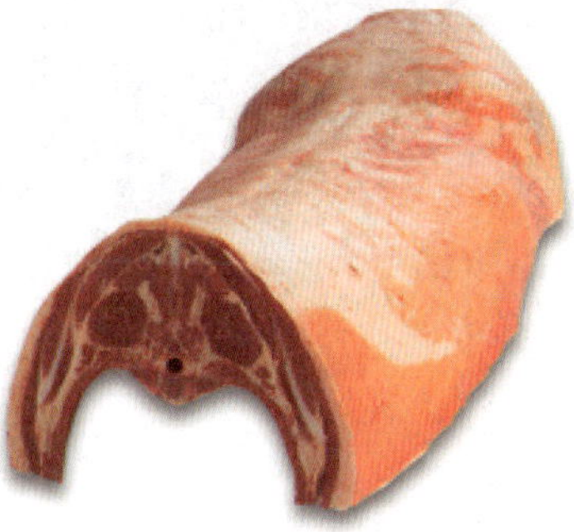

带上腰羊马鞍

羊马鞍

马鞍羊排

图 5-48　其他羊排图例

3. 羊腿的加工

羊腿的加工流程：

（1）剔除羊腿肉表面的筋和脂肪。如果把细小的筋也剔除掉，羊腿肉会被切割得十分零碎，因此一般只剔除大而硬的筋即可。脂肪是羊肉膻味的主要来源，要剔除干净。

（2）剔除胯骨和尾骨。沿着胯骨的边缘进刀，将胯骨剔除下来，然后把连着胯骨的尾骨也剔除掉。

（3）剔除大腿骨和小腿骨。沿着大腿骨的边缘进刀，切开大腿肉并切断大腿骨与肉之间的筋，摘除大腿骨的上端，然后用一只手握住大腿骨的上端并拧动大腿骨，同时把刀尖插进关节处，把大腿骨剥离干净。用同样方法剔除小腿骨。

（4）按菜肴要求切成大块或用线捆好。

加工好的羊腿有带骨（Leg Bone In）和不带骨（Leg Boneless）之分，如图 5-49 所示。

带骨羊后腿

无骨羊后腿

图 5-49　加工好的羊腿

羊腿常用于烧烤（可带骨），也可将羊腿剔骨取肉后切成丁、丝、条、块等，用于炒、酱等烹调方法。

猪肉初加工

猪在世界各国均有优良品种，近年来，我国引进的瘦肉型猪有丹麦的兰德瑞斯、英国的约克夏、巴克夏等。猪肉也是西餐烹调中常用的原料，尤其是德式菜对猪肉更是偏爱，其他欧美国家也有不少菜肴是用猪肉烹制的。

猪在西餐烹调中有成年猪（Pig）和乳猪（Sucking Pig）之分。乳猪是指尚未断奶的小猪，其肉嫩色浅、水分充足，是西餐烹饪中的高档原料；成年猪一般以饲养 1 ~ 2 年者为最佳，其肉色淡红，肉质鲜嫩、味美。

一、猪肉的分档取料

猪胴体的分割在不同国家或不同地区有不同的方法和要求，分类方法也各有不同，如我国就有商业分类法、上海分类法、北京分类法等。本节介绍猪肉在西餐烹饪中的分类及初加工方法。

图 5-50 所示为猪的分档示意图。

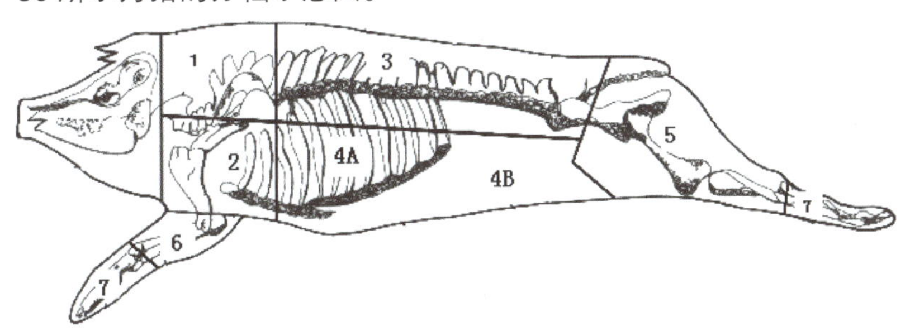

图 5-50　猪的分档示意图

1- 上脑　2- 前肩肉　3- 外脊　4A- 硬肋　4B- 软肋
5- 后腿部　6- 猪肘子　7- 猪蹄

猪各分档部位的特征及烹饪用途见表 5-3。

表 5-3 猪各分档部位的特征及烹饪用途

部位	特征	烹饪用途
上脑 (Blad Shouluer)	位于猪的脖颈上部，肉质较嫩	适宜煎、炸、烤等烹调方法
前肩肉 (Arm Shoulder)	肉质细嫩，吸水性强	常用于制作肉馅
外脊 (Pork Loin)	包括里脊（Pork Tender Loin），统称为脊背肉（Loin），肉质最嫩	常用于加工猪排及烤制菜肴
硬肋 (Spare Rib)	肉中带有小排	适宜烧烤、烩等烹调方法
软肋 (Belly Ribbed)	肉中精肉与脂肪层交互掺杂，肉质较差	通常加工成培根、香肠及肉馅
后腿部 (Pork Leg)	肉质较嫩	适宜烧烤、煮、焖等烹调方法
猪肘子 (Hock)	富含胶质	常用于烩制或煮汤
猪蹄 (Trotter)	皮多，胶质也多	常用于烧、烩、煮汤

二、猪里脊、猪排的加工方法和技术要领

猪肉的剔骨出肉工艺与牛羊肉基本相同。一般西餐厨房进行的猪肉初加工主要是猪里脊、猪排的剔骨出肉。

1. 猪里脊的加工

首先切除猪里脊边缘多余的肉，然后用刀尖挑开筋头，一手拉着筋头，一手用力把筋剔除掉。

（1）加工猪肉片

加工猪肉片通常选用里脊肉、后腿肉、腹肋肉、臂肩肉等肉质细嫩部位的肉，一般将肉切成长 10 厘米、宽 6 ~ 7 厘米、厚 1 厘米的大片。例如，用臂肩肉切制肉片时，

先把臂肩肉上粘连的条状肉剔除掉，再剔除臂肩肉表面粘连的筋膜；剔除筋膜时，要用刀尖挑起筋络，并顺着刀口方向拉起筋络，且使刀锋略微上扬，以顺利剔除筋膜，此操作可根据需要进行多次，至将筋剔除干净；最后将剔好的臂肩肉用直刀切成厚 1 厘米的大片即可。要求猪肉片厚薄均匀、大小一致，如图 5-51 所示。

图 5-51 加工猪肉片

（2）加工猪扒

加工猪扒一般选用里脊肉或臂肩肉。例如，用里脊肉加工猪扒时，先切除里脊肉外表的肥油与边条肉及白色筋膜，直刀切成 2 厘米厚的肉块，再将肉的横断面朝上，用手按平，用刀背或肉锤拍成厚约 1.5 厘米的肉饼形，最后用刀将肉的四周收拢整齐即成，如图 5-52 所示。此外，还有一种特殊的猪肉扒加工方法：去除里脊肉外表的肥油与边条肉及白色筋膜，用线绳每隔 2 厘米捆一次，依次捆好；将肉放入 180 ~ 220℃的烤箱中烤至需要的成熟度，取出去掉线绳，用推拉切法切成 0.7 ~ 1 厘米厚的肉扒即可。

图 5-52 加工猪扒

2. 猪排的加工

猪排是指猪的肩胛肉、臂肩肉，通常带骨（有的地方将不带骨的也称为排）。加工猪排的方法是：

（1）顺着脊骨的走向，用刀尖把脊骨与脊肉分离，然后用砍刀（或用锯）将脊骨和肋骨斩断（或锯断），使之分离。

（2）在距肋骨前沿 3 ~ 5 厘米处，用刀把多余的肉切开，然后，顺着肋骨方向用刀把肋骨和多余的肉剥掉，再把肉面翻过来，用刀把多余的肉切下来。如果露出的肋骨表面留有部分残肉，应将残肉仔细清理干净。

（3）将刀插进肋骨之间，切下带肋骨的肉片，稍加整理即可。

（4）加工好的猪排可整烤，也可在两肋骨间切开使用，如图 5-53 所示。

图 5-53　加工猪排

思考与练习

1. 简述牛可分成哪几个部位，并说明各部位的烹饪用途。
2. 请结合所学知识，分析制作牛排时该如何提高菜肴的品质。
3. 简述牛尾的加工工艺。
4. 制作“米兰煎猪扒”，主料该怎样加工？

全国中等职业技术学校烹饪专业教材

QUANGUO ZHONGDENG ZHIYE JISHU XUEXIAO
PENGREN ZHUANYE JIAOCAI

餐饮业经营与管理（第二版）
饮食业基础知识（第三版）
饮食营养与卫生（第四版）
烹饪美学（第四版）
厨房管理知识（第四版）
现代厨具及设备（第三版）
烹饪原料知识（第三版）
烹饪化学（第三版）

烹饪原料加工技术（第三版）
烹调技术（第三版）
面点技术（第三版）
冷拼与食品雕刻（第二版）
宴席设计与菜品开发（第二版）
西式面点技术（第二版）
西餐烹调基础（第四版）
烹饪基本功训练

教学菜－鲁菜（第四版）
教学菜－川菜（第四版）
教学菜－湘菜
教学菜－上海菜
教学菜－粤菜（第四版）
教学菜－淮扬菜（第四版）
教学菜－杭州菜
教学菜－豫菜

西餐原料知识
西餐烹调技术
西式面点技术
西餐厨具及设备
西餐原料加工技术
西餐烹调工艺实训
西式面点工艺实训

责任编辑／周　玮
责任校对／朱　岩
责任设计／王利民

ISBN 978-7-5167-3436-0

定价：26.00 元

高等职业学校电类专业教材

电子技术基础

(第二版)

李仁芝 主编

中国劳动社会保障出版社